기획 / 김상욱

경희대학교 물리학과 교수. 예술을 사랑하고 미술관을 즐겨 찾는 '다정한 물리학자'. 카이스트에서 물리학으로 박사학위를 받았고, 독일 막스플랑크연구소 연구원, 도쿄대학교와 인스부르크대학교 방문교수 등을 역임했습니다. 주로 양자과학, 정보물리를 연구하며 70여 편의 SCI 논문을 게재했습니다.

글 / 김하연

프랑스 리옹3대학에서 현대문학을 공부했습니다. 어린이 잡지 <개똥이네 놀이터>에 장편동화를 연재하며 작품 활동을 시작했으며, 지금은 어린이와 청소년을 위한 글을 쓰고 있습니다. 쓴 책으로 동화 <소능력자들> 시리즈, <똥 학교는 싫어요!>, 청소년 소설 <시간을 건너는 집> 시리즈, <너만 모르는 진실>, <지명여중 추리소설 창작반>이 있습니다.

그림 / 정순규

자유로운 상상을 좋아하는 일러스트레이터. 고려대 생명과학부 졸업 후 좋아하는 일을 하기 위해 꿈을 찾아 그림을 그리기 시작했습니다. 부산 아웃도어미션 게임 <바다 위의 하늘 정원> 외 2개의 테마 그림 작업을 했습니다.

자문 / 강신철

과학 커뮤니케이터. 자연을 멍하니 바라보며 그 속의 진실을 찾아가는 과정을 좋아합니다. 알게 된 재밌는 이야기를 함께 나누는 것을 더욱 즐깁니다. 현재는 극단 <외계공작소>에서 과학과 인문학을 융합하는 과학 공연을 기획하고 있습니다. 서울대학교 물리교육과 박사과정을 수료하고 졸업을 향해 열심히 달려가고 있습니다.

어린이를 위한   세상의 모든 과학

물리박사 김상욱의
수상한 연구실 ⑥
전기: 찌릿찌릿! 아찔한 수련회

기획 **김상욱** | 글 **김하연** | 그림 **정순규** | 자문 **강신철**

아울북

물리를 알면 과학이 쉬워집니다.

어린 시절, 우리 모두 과학자였다면 믿으실 수 있나요? 땅속이 궁금해서 땅을 파보거나, 무지개 끝에 가보려고 하염없이 걸었거나, 장난감이 어떻게 작동하는지 궁금하여 분해해 본 적 있다면 여러분은 과학자였습니다. 어쩌면 과학자는 어린 시절의 흥미를 잃지 않고 간직한 사람인지도 모릅니다. 그렇다면 우리 어린이들이 과학에 대한 관심을 잃지 않도록 지켜야 하지 않을까요?

과학 중에서도 물리는 특별합니다. 오늘날 과학이라고 부르는 학문은 17세기 뉴턴의 물리학에서 시작되었다고 해도 과언은 아니기 때문이죠. 거칠게 말해서 현대과학은 물리의 언어와 개념을 사용하여 물리적 방법으로 수행되는 활동입니다. 화학에서 원자구조를 계산하고, 생명과학에서 에너지를 이야기하며, 전자공학에서 양자역학을 사용하고, 천문학에서 상대성이론을 적용하는 것처럼 말이죠. 물리는 모든 자연에 들어있는 가장 근본적인 원리를 다루는 학문이기 때문입니다. 따라서 물리를 모르면 과학을 이해하기 힘듭니다.

과학자가 되지 않으면 물리를 몰라도 될까요? 현대는 과학기술의 시대입니다. 지난 200여 년 동안 일어난 중요한 변화는 대개 과학기술의 결과물입니다. 지금은 과학기술 없이 단 한 순간도 살 수 없는 시대라는 뜻입니다. 이제 과학은 전문가들만의 지식이 아니라 현대를 살아가는 상식이자 교양이 되었습니다.

어린이들은 물리가 다루는 여러 어려운 주제에 대해 이미 잘 알고 있으며 심지어 좋아합니다. SF영화에 단골로 등장하는 블랙홀, 빅뱅, 타임머신, 순간이동, 투명망토, 원자폭탄, 평행우주 등이 그 예죠. 하지만, 막상 수학으로 무장한 교과서 물리를 만나면 흥미를 잃어버립니다. 물리를 제대로 이해하려면 결국 수학도 알아야 하지만, 교양으로서의 물리를 알기 위해 수학이 꼭 필요한 것은 아닙니다. 사실 물리학자에게도 엄밀한 수식보다 자연에 대한 직관적인 이해가 중요한 경우가 많습니다. 이렇듯 어린이들이 이미 가지고 있는 물리에 대한 호기심을 일깨우고, 제대로 된 지식을 알고 싶다는 동기를 불러일으키는 것이 더 중요하다고 생각합니다.

출간 제안을 받았을 때, 과학학습만화 시리즈를 틈틈이 읽던 저의 어린 시절이 떠올랐습니다. 공룡과 곤충 이야기에는 흠뻑 빠졌지만, 물리를 다룬 이야기는 지루했던 기억이 납니다. 당시 물리 이야기도 공룡이나 곤충처럼 재미있게 읽었다면 좀 더 일찍 물리학자의 꿈을 키울 수 있지 않았을까 하는 상상도 해봅니다.

이 시리즈를 준비하며 저와 강신철 박사가 꼭 다뤄야 할 물리 개념을 정리했고, 그것을 바탕으로 김하연 작가가 어린이들이 정말 좋아할 이야기를 만들었습니다. 제가 등장하여 아이들과 미스터리를 풀어간다는 설정이 특히 마음에 드는데, 그 과정에서 중요한 물리 개념이 하나씩 등장하게 됩니다. 무엇보다 정순규 작가의 삽화가 너무 멋지고 사랑스러워서 더욱 몰입할 수 있을 거라고 기대합니다. 최선을 다해 만든 이 책을 읽고 많은 어린이들이 물리와 사랑에 빠지는 계기가 되길 기원합니다.

물리학자 김상욱

차례

① 나 이렇게는 못 살아!
비밀 연구 일지 1 / 원자가 전기랑 무슨 관계지?

② 나 다시 돌아갈래!
비밀 연구 일지 2 / 앗! 따가워, 정전기!

③ 사건의 중심에는 해나가 있다
비밀 연구 일지 3 / 전기 회로를 타고 흐르는 전류

등장인물 소개

김상욱
아저씨

'또만나 떡볶이'의 새 주인.
떡볶이 만드는 걸 물리보다 어려워하는
이상한 아저씨다. 어딘가 어설프고
어리바리해 보이지만, 떡볶이집에 엄청난
비밀을 숨겨놓은 것 같다.

태리

떡볶이 동아리 '매콤달콤'의 리더.
활발하고 솔직한 성격으로
친구들에게 인기가 많지만, 가끔은
지나친 솔직함으로 친구들을
난처하게 만들기도 한다.

해나

'매콤달콤'의 브레인.
웬만해선 손에서 책을 놓지 않는 만큼
잡다한 지식을 알고 있다.
하지만 고지식하고 시큰둥한
성격의 소유자다.

건우

자타공인 '매콤달콤'의 사고뭉치.
공부가 세상에서 제일 싫지만 그중에서도
싫어하는 과목은 수학과 과학.
가끔씩 기발한 아이디어로
모두를 깜짝 놀라게 한다.

레드

마두식 회장의 최측근 비서.

마 회장이 누구보다도 믿는 엘리트 부하.
냉철함과 뛰어난 판단력을 자랑한다.
고집불통인 마 회장도 레드의
말이라면 신뢰하고 따른다.

마두식
회장

엔진 제조 회사 '에너지킹'의 회장.

'에너지킹'에서 만든 초강력 신형 엔진 덕분에
하루아침에 부자가 되었다.
세계인의 영웅이라 불리지만
거대한 음모를 숨기고 있다.

이룩한
박사

'또만나 떡볶이'의 전 주인.

까칠한 성격 탓에
'또만나 떡볶이'가 인기를 잃어버리는 데
한몫한 장본인. 언제, 어디로, 어떻게
사라졌는지 아무도 모른다.

블랙&
화이트

마두식 회장의 부하 콤비.

마 회장이 하루에도 수십번씩 해고를
고민할 정도로 사고뭉치들이다. 어디로
튈지 모르는 성격에, 마 회장이 내린
지시를 까먹기 일쑤다.

벨라
요원

'이데아 수호 협회'의 요원.

겉으로는 까칠해 보이지만, 이데아를
잡는 데 필요한 준비물들을 가져다주는 등
김상욱 아저씨가 연락할 때마다
도움을 주러 등장한다.

1

나 이렇게는
못 살아!

태리가 지친 얼굴로 자리에서 일어났다. 또만나 떡볶이에는 손님이 많이 올 리가 없다고 지적하고 싶었지만, 그랬다가는 더 심한 잔소리가 날아올 것이다.

열 이데아 히트랩터를 잡은 지 어느덧 보름이 지났다. 또만나 떡볶이의 전 주인 이룩한 박사가 사라진 뒤로 김상욱 아저씨와 아이들은 세상에 흩어진 물리 이데아들을 한 마리씩 포획해 왔다. 이룩한 박사가 남긴 이데아 도감에서 얻은 정보에 그들의 반짝이는 아이디어를 보태서.

며칠 전, 김상욱 아저씨는 이데아 수호 협회에서 걸려 온 전화를 받았다. 협회는 이데아들이 세상을 더 어지럽히기 전에 이데아 포획을 서둘러야 한다고 독촉했다.

그 막중한 임무에서 오는 스트레스 때문일까, 고양이 또또가 떠난 뒤로 손님들의 발길이 끊긴 가게 때문일까. 김상욱 아저씨의 잔소리와 짜증은 나날이 심해지고 있었다.

마침 어묵 썰기를 이제 막 마친 해나가 펄펄 끓고 있는 떡볶이 국물을 맛봤다.

해나의 뽀얀 얼굴이 국물 색처럼 빨개졌다.

김상욱 아저씨는 손을 짜증스럽게 내저었다.

"괜찮으니까 그냥 둬. 태리야, 튀김 반죽은 다 했니? 건우는 아직이야? 오면서 떡볶이 떡 좀 사 오라고 문자를 보냈는데."

서둘러 반죽을 섞던 태리가 고개를 들었다.

"반죽은 거의 끝나 가요. 건우는 학교 끝나고 태권도 학원에 갔고요. 지금쯤 올 시간이 됐는데."

그때 작업복을 입은 한 아저씨가 가게 안으로 들어왔다.

김상욱 아저씨는 작업복 입은 아저씨를 수상쩍게 바라봤다.

"전기 정기 점검 기간이거든요. 가게 내부와 계량기만 확인하면 되니까 협조해 주시면 감사하겠습니다. 혹시 이 건물에 지하실도 있나요?"

지하실이요?

"지…… 지하실은 없는데요."

"네. 그럼 가게 내부만 둘러보겠습니다."

김상욱 아저씨의 얼굴이 창백해졌다. 물론 이 건물에는 지하실이 있다. 누구에게도 말할 수 없는 수상한 지하실이.

부엌 바닥에 숨겨진 뚜껑 문을 열면 지하로 이어지는 계단이 있고, 계단을 내려가면 이룩한 박사 때부터 사용해 온 비밀 연구실이 나온다. 그리고 연구실에 딸린 작은 창고에는 지금까지 포획한 이데아들이 잠든 이데아 캔이 놓여 있다.

김상욱 아저씨와 아이들은 점검원 아저씨를 긴장한 눈으로 주시했다.

어색

초조

점검원 아저씨가 숨겨진 뚜껑
문에 다가갈수록 그들의 심장은
쿵쾅거리며 날뛰었다.

그때, 부엌을 향해 점검원 아저
씨가 손가락을 뻗었다.

결국 들킨 건가.

"여름이 지난 지가 언제인데 에어컨과 선풍기 코드가 아직도
꽂혀 있네요. 사용하지 않을 때는 전기 코드를 빼는 습관을 들
이세요. 그리고 이쪽으로 와서 멀티탭 좀 보시겠어요? 전기 코
드도 안 꽂혀 있는데 버튼은 죄다 켜져 있잖아요. 다 빼세요."

하지만 그 뒤로도 점검원 아저씨의 지적은 이어졌다.

"냉장고와 김치냉장고의 에너지소비효율 등급이 낮아요. 웬만하면 1등급 제품으로 바꾸시고요. 냉장실에 음식을 이렇게 가득 채우시면 냉기 순환을 방해하기 때문에 전기가 더 많이 사용됩니다. 텔레비전은 안 보실 때는 꼭 끄시고요."

아저씨의 심기를 건드린 것은 점검원 아저씨의 다음 말이었다.

"가게에 손님도 없는데 전등도 죄다 켜 놓으셨네요. 형광등도 LED등으로 바꾸시면 전기 요금을 팍! 줄일 수 있습니다."

점검원 아저씨는 전기를 아끼겠다는 김상욱 아저씨의 다짐을 받고서야 가게를 떠났다. 오늘 내내 기분이 안 좋아 보였던 아저씨의 얼굴은 이제 흙빛이 되었다.

태리가 천진난만하게 말했다.

"좋은 정보를 배웠네요. 지금부터 전기를 더 아껴 써야겠어요!"

해나가 지하실을 가리켰다.

"지하 연구실에는 실험 장비들도 많잖아요. 그 기계들도 전기 코드가 다 꽂혀 있는 거 아니에요? 빨리 내려가서 빼고 오세요."

김상욱 아저씨의 물리 강연이 펼쳐지려는 순간, 태권도복을 입은 건우가 가게 안으로 뛰어 들어왔다.

아저씨의 매서운 눈길이 건우의 빈손에 꽂혔다.

"떡볶이 떡은?"

"엥? 그걸 왜 저한테 찾아요?"

"오는 길에 사 오라고 문자 보냈잖아! 네가 알았다고 답장까지 했고! 한 시간 전에 연락했는데 그걸 까먹어? 그런 기억력으로 학교 공부는 어떻게 하니?"

김상욱 아저씨의 폭풍 짜증과 잔소리가 쏟아졌지만 건우는 여전히 꿋꿋했다.

"아하! 이제야 기억나네. 까먹었으니까 아저씨가 사 오세요. 난 발차기를 많이 해서 다리 아파요."

하필이면 그때, 손님들이 떡볶이 판 앞에 모여들었다. 손님들은 양념 국물만 끓고 있는 떡볶이 판을 실망스럽게 쳐다봤다.

그 말을 듣는 순간, 김상욱 아
저씨의 짜증이 머리끝까지 치달
았다. 오케이 떡볶이는 또만나 떡
볶이의 최고 라이벌. 게다가 오케
이 떡볶이의 사장님은 지난번에
이곳 또만나 떡볶이에 찾아와 진
상을 부리고 가기도 했다.

손님들은 결국 기다리지 못 하
고 발걸음을 돌렸다.

김상욱 아저씨는 아이들이 있
는 테이블 쪽으로 쿵쿵거리며 걸
어갔다. 건우는 아저씨의 기분도 모른 채 팸플릿을 가리키며
떠들고 있었다.

태리와 해나는 팸플릿을 홀린 듯 바라봤다. '햇빛 태권도장이
준비한 건강 쑥쑥 수련회'라는 문구 아래 사진이 실려 있었다.
아름다운 산속에 우뚝 선 깔끔하고 세련된 흰색 건물, 널찍한
수영장과 다양한 운동기구들이 설치된 숲속 체력 단련장, 호텔
출신 요리사가 제공하는 비타민 가득한 식사, 밤하늘의 별을
바라보며 즐기는 바비큐와 캠프파이어까지!

태리와 해나는 말릴 틈도 없이 건우를 데리고 또만나 떡볶이를 떠나버렸다. 테이블 위에는 이제 앞치마 두 개만 쓸쓸하게 남아 있었다.

내가 너무 심했나. 아이들이 없었으면 가게 운영도 이데아 포획도 힘들었을 텐데.

지금이라도 사과하며 아이들을 붙잡을까 하는 생각이 들기도 했지만 자존심이 허락하지 않았다.

아이들의 뒷모습을 향해 냅다 소리치던 김상욱 아저씨는 콧방귀를 뀌며 자리에 앉았다. 수련회에 가게 된 매콤달콤 삼총사와 홀로 가게에 남은 김상욱 아저씨.

이들은 각자의 계획대로 완벽한 주말을 보낼 수 있을까?

① 원자가 전기랑 무슨 관계지?

오늘의 연구 대상

원자는 원자핵과 전자로 이루어져 있다고 했던 말 기억나니?

근데 전기랑 원자랑 무슨 상관이에요?

갑자기 웬 물리.

오랜만에 원자와 전자 얘기를 하니까 재밌네!

해나는 이제 내 물리 얘기를 지겨워하는 것 같지만….

그래도 포기할 수 없지! 원자와 전기에 대해 설명할게!

오늘의 일지

물체가 전기를 띠는 이유

여기서도 원자가 등장!

물체가 전기를 띠는 이유는 3권에서 아토미와 함께 배웠던 원자와 밀접한 관련이 있어. 원자의 중심에는 원자핵이 있고 그 주변을 전자가 돌고 있다고 했던 것 기억나니? 여기에서 한 가지만 추가로 더 배워보자! 바로 **원자핵은 그 내부에 있는 양성자 때문에 양(+)전하를 띠고, 반대로 전자는 음(-)전하를 띤다는 거야. 물체가 전기를 띠는 이유는 바로 이 차이 때문이란다!**

원자의 양(+)전하와 음(−)전하는 어떻게 결정될까?

원래 **원자는 전기적으로 양(+)전하도 음(−)전하도 아닌 중성을 띠고 있어.** 원자핵 내부에 있는 양성자의 개수와 원자핵 주변을 도는 전자의 개수가 항상 똑같기 때문이지. 그런데 이때, **전자 한 개가 사라지면** 어떻게 될까? 양성자의 개수가 상대적으로 한 개 더 많아진 셈이기 때문에 **원자는 양(+)전하를 띠어.** 반대로 **전자 한 개가 추가**되면, 전자의 개수가 더 많아진 셈이기 때문에 **음(−)전하를 띠게 되지.** 보통 전자가 이동하는데, 이건 원자핵에 비해 전자가 훨씬 가볍기 때문이야. 많이 사용되는 (+)극, (−)극이라는 용어는 사실 배터리 등에서 쓰이는 용어야. 정확히는 양(+)전하, 음(−)전하라고 써야 해.

양성자와 전자가 각각 세 개인 원자

▲ 전자를 잃어 양(+)전하를 띰   ▲ 전자를 얻어 음(−)전하를 띰

에너지소비효율 등급이 뭐예요?

에너지소비효율 등급이란 전자 제품이 한 달 동안 얼마나 많은 전력을 소비하는지, 그리고 한 시간 동안 이산화탄소를 얼마나 배출하는지에 따라 등급을 매긴 것을 말해. **등급이 높을수록 전력을 효율적으로 사용하는 것이지.** 1등급이 5등급보다 좋다는 뜻이야.

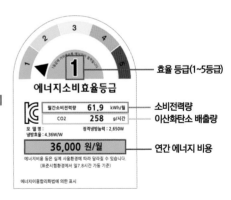

물체가 전기를 띠는 이유는 원자핵과 전자 때문!

건강 쑥쑥 수련회! 정말 재밌겠다! 잘 놀다오렴.

29

2

나 다시
돌아갈래!

다음 날 아침, 햇빛 태권도장 건물 앞은 햇빛 태권도장 아이들로 시끌시끌했다. 이른 시간이었지만 단체복으로 갈아입은 아이들의 얼굴에서는 미소가 떠나지 않았다. 다들 옆에 있는 친구들과 함께 곧 다가올 즐거운 시간에 대해 재잘거렸다. 태리와 해나도 부모님의 허락을 받고 합류했다.

왜 그래,
해나야?

흠, 누가 우리를
쳐다보는 것 같아서.

해나의 느낌은 정확했다. 김상욱 아저씨가 도시락 가방을 끌어안은 채 전봇대 뒤에 숨어서 아이들을 훔쳐보고 있었으니까. 가방 속 도시락통에는 아저씨가 새벽부터 일어나 세 아이들을 위해 만든 김밥이 담겨 있었다.

그래도 아침밥은 먹여야지.

아이들을 위해 난생처음 싸 본 김밥. 재료 크기도 제각각에 옆구리도 터졌지만 아이들을 향한 애정만큼은 듬뿍 담긴 김밥이었다.

괜히 만들었나. 왜 왔느냐고 화내면 어쩌지.

아니야, 용기를 내자!

우와아

그 순간, 아이들의 입에서 함성이 터졌다. 갑자기 들려온 함성에 김상욱 아저씨는 들고 있던 도시락 가방을 떨어뜨릴 뻔했다.

깜짝이야!

와, 우리 관장님 최고!

너희도 다음 주부터 우리 태권도장 다니자!

그래, 해나야! 나도 태권도 배우고 싶어!

그럴까? 아저씨한테 잔소리 듣는 것보다는 낫겠지.

앗, 따가워!

왜 그러세요?

모기라도 있어요?

뒤통수가 갑자기 따가운 느낌이 들어서.

째릿

범인의 정체는 모기가 아니라 김상욱 아저씨였다. 세 아이들의 관심을 독차지한 관장님을 향해 김상욱 아저씨가 레이저 눈빛을 발사하고 있었으니까.

그러거나 말거나, 아이들은 버스에 올랐다.

안녕, 또만나 떡볶이!

잘 있어라, 햇빛 마을!

오예, 출발이다!

김상욱 아저씨는 멀어지는 버스를 쓸쓸하게 지켜보다가 가방에서 도시락통을 꺼냈다. 그리고 김밥을 왕창 집어 입에 쑤셔 넣었다. 소금이 지나치게 많이 들어간 김밥 때문인지 자신을 두고 떠난 아이들 때문인지, 아저씨의 눈가가 이내 촉촉해졌다.

김밥은 내가 다 먹어야지! 두고 보자!

훌쩍 훌쩍

맑은 하늘 아래 펼쳐진 초록빛 광경이 창밖으로 획획 지나갔다. 아이들을 태운 버스는 한 시간을 달려 수련원 주차장에 도착했다.

버스에서 앞다투어 뛰어내린 아이들은 들뜬 가슴을 진정시키며 주차장 너머에 있는 수련원 건물을 올려다봤다. 그런데 한 시간 내내 쉬지 않고 떠들던 아이들의 입에 누가 지퍼라도 채운 듯 무거운 침묵이 내려앉았다.

해나는 팸플릿 사진과 수련원 건물을 번갈아 쳐다봤다. 하얗고 세련된 건물은 어디에도 없었다. 칠이 여기저기 벗겨진 우중충한 잿빛 건물에 때가 덕지덕지 낀 희뿌연 창문. 태풍이라도 맞았는지 입구 위에 붙은 '햇빛 수련원' 간판은 금방이라도 떨어질 듯 아슬아슬하게 매달려 있었다.

충격을 받은 해나가 손을 들었다.

"저기요, 관장님. 우리 제대로 온 거 맞아요?"

"당연하지. 저기 수련원 이름도 쓰여 있잖니."

태리의 눈동자도 흔들렸다.

"팸플릿에 있는 사진이랑…… 너무 다른데요?"

"그래? 포토샵이 심하게 됐나? 뭐 하니, 얘들아. 얼른 가방 메고 따라와!"

뜨거운 햇볕이 아이들의 정수리를 달궜다. 수련원 건물 앞까지 이동하는 그 짧은 시간 동안, 아이들은 머릿속을 메운 불길한 생각들을 쫓아내기 위해 안간힘을 다했다.

겉모습이야 오래됐으니 그럴 수 있다. 내부는 수리를 해서 깨끗할 것이다. 게다가 건물 안에 있는 시간은 길지 않다. 숲속 놀이터에서 신나게 놀고 캠프파이어도 한다고 했으니까. 호텔 출신 요리사도 지금쯤 맛있는 점심을 준비하고 있을 것이다.

수련원 현관 앞에서는 무서운 인상의 덩치 큰 아저씨가 아이들을 기다리고 있었다. 아이들은 아저씨가 입은 개량 한복과 목에 걸린 금속 호루라기를 불안한 눈빛으로 쳐다봤다. 아저씨의 이마를 가로지른 헤어밴드에는 '무병장수'라는 글자가 수 놓여 있었다.

아이들은 어정쩡하게 허리를 숙였다. 아이들의 머리 위로 쩌 렁쩌렁한 목소리가 울려 퍼졌다.

"햇빛 수련원에 온 것을 환영한다. 지금부터 나와 함께한다 면 내일 이곳을 떠날 무렵 너희는 더욱 건강한 어린이로 거듭 나 있을 것이다."

열다섯 명의 아이들은 현관
을 향해 정신없이 뛰어갔다.
원장님의 태도로 보아 운동장
다섯 바퀴는 거짓말이 아닌 듯
했다. 2층에 있는 숙소는 남학
생 방과 여학생 방으로 나뉘어
있었다.

　방의 상태도 건물의 겉모습처럼 형편없었지만 실망할 여유
는 없었다. 아이들은 방에 가방을 던져 놓고 다시 1층으로 뛰어
내려갔다. 하지만 해나는 도저히 그럴 수가 없었다. 버튼마다
불이 켜진 멀티탭을 본 순간, 또만나 떡볶이에 왔던 점검원 아
저씨가 생각났기 때문이다. 해나는 멀티탭의 전원을 끄고, 방마
다 켜져 있는 전등도 껐다.

해나는 복도 끝에 있는 화장실로 향했다. 그곳 역시 전등이 환하게 들어와 있었다. 화장실 두 개의 전등 스위치를 모두 끈 해나는 그제야 홀가분한 마음으로 1층으로 내려갔다.

세 아이들 중 관찰력이 가장 뛰어난 해나였지만 주변이 워낙 어두컴컴했던 탓에 해나도 눈치채지 못했다. 작은 개구리 한 마리가 애정이 듬뿍 담긴 눈으로 자신의 행동을 주시하고 있었다는 것을.

다른 아이들은 이미 건물 앞에 모여 있었다. 아이들을 데려온 태권도장 관장님은 어디로 갔는지 보이지 않았다. 해나는 원장님의 매서운 눈초리를 받으며 태리와 건우 사이에 섰다.

원장님이 다시 한번 발끈했다.

"네가 여기 원장이냐? 누가 시키지도 않은 일을 하래! 이번에는 내가 좋아하는 말 세 가지를 알려 주지. 알겠습니다, 죄송합니다. 감사합…… 앗, 따가워!"

원장님은 갑자기 발을 동동거리더니 손을 뒤로 뻗어 자신의 등과 어깨를 만지기 시작했다. 아까 나타났던 개구리가 원장님의 펑퍼짐한 등에 앞발을 대고 정전기를 일으키고 있었다. 원장님의 등에서 작은 불꽃이 타닥타닥 튀어 올랐지만 원장님은 물론 앞에 있는 아이들에게는 그 모습이 보이지 않았다.

전등을 끄느라 늦었다잖아!

찌지직

찌직

아직 겨울도 아닌데 왜 정전기가 나지? 따가워 죽겠네!

따끔

태리가 얼굴을 찌푸리며 해나의 귓가에 속삭였다.

"정전기는 왜 생기는 거야?"

"물체를 서로 문질렀을 때 생기지 않나? 네 말을 들으니까 궁금하긴 하네."

건우가 중얼거렸다.

"김상욱 아저씨가 있었으면 금세 설명해 줬을 텐데. 그나저나 저 원장 아저씨, 진짜 쌤통이다!"

한동안 원장님을 괴롭힌 개구리는 수련원 간판 위로 획 뛰어올랐다.

곧이어 간신히 정신을 차린 원장님이 숨을 몰아쉬며 호루라기를 불었다.

"지금부터 본격적으로 수련회를 시작하겠다. 모두 체력 단련장으로 이동!"

호루라기 소리가 또다시 울려 퍼졌다. 아이들은 원장님을 따라 근처 산길로 들어갔다. 체력 단련장을 본 아이들의 입에서는 신음이 새어 나왔다. 흙먼지가 풀풀 날리는 운동장에 녹슨 운동기구들이 띄엄띄엄 설치되어 있었다.

건우가 다급하게 외쳤다.

"잠깐만요, 저희는 놀려고 왔지 운동하러 온 게 아니라고요!"

"내가 제일 싫어하는 말이…… 뭐라고 했지?"

원장님은 건우의 말을 무시하고 계속 말했다.

"우선 준비 운동부터 시작한다. 소리 내어 횟수를 세며 팔벌려뛰기 열다섯 개! 대신 마지막 '십오'는 횟수를 세지 않는다. 마지막은 어떻게 하라고 했지?"

"십오는 횟수를 세지 않는다!"

열 번까지는 참을 만했다. 하지만 횟수가 열 번을 넘어가자
심장이 밖으로 튀어 나갈 듯 빠르게 뛰기 시작했다. 아이들은
숨을 몰아쉬며 마지막 숫자를 향해 달려갔다.

"십이! 십삼! 십사!"

모두가 입을 꾹 다물었을 때 건우의 외침이 터져 나왔다.

이어지는 팔벌려뛰기에서는 건우도 이를 악물고 틀리지 않았지만 체력 훈련은 이어졌다. 운동장 달리기, 원장님이 고안한 어린이 맞춤 건강 체조, 지루한 명상 시간. 아이들은 조금씩 깨닫고 있었다. 이 수련회에 대해 단단히 착각하고 있었다는 것을.

그로부터 한 시간 뒤, 모든 훈련이 끝나고 드디어 점심시간이 되었다. 땀에 흠뻑 젖은 아이들은 수련원을 향해 힘없는 걸음을 옮겼다.

건우가 원장님에게 물었다.

"수영은 언제 해요?"

"여름도 아닌데 무슨 수영이냐. 기껏 건강해지려고 운동했는데 차가운 물에 들어갔다가 감기라도 걸리면 큰일이다!"

건우가 울먹였다.

"이게 뭐야, 하나도 재미없잖아. 차라리 또만나 떡볶이에서 손님들이랑 수다 떠는 게 훨씬 낫겠어."

태리가 말했다.

"아저씨는 잘 계실까? 주말인데 혼자 가게를 지키느라 힘드시겠지?"

해나도 덧붙였다.

"아저씨를 만나면 꼭 미안하다고 하자. 하, 다음 프로그램은 좀 재미있으려나."

떨어져 봐야 비로소 소중함을 깨닫는다고 했던가. 아이들의 눈앞에 또만나 떡볶이와 김상욱 아저씨의 얼굴이 어른거렸다.

② 앗! 따가워, 정전기!

 괴짜 박사의 비밀 연구 일지

 오늘의 연구 대상

저 개구리가 원장님 등에 정전기를 일으켰어!
손을 막 비비면 정전기를 발생시킬 수 있나 봐.

따끔따끔! 겨울마다 우리를 괴롭히는 정전기란 무엇일까?

오늘의 일지

생활 속에서 발견되는 정전기

우리는 실생활에서 흔히 정전기를 관찰할 수 있어.

특히 건조한 겨울철에는 더 쉽게 발견되지. 스웨터를 입을 때
치지직 소리와 함께 따끔거리는 느낌이 든 적 있지 않아? 문을
열려고 손잡이를 잡았다가 따끔했던 적은? 이뿐만 아니야. 풍선을
머리카락에 비비다가 떼어내면 머리카락이 풍선 쪽으로 끌려가는 걸
관찰할 수도 있지. 이 모든 게 바로 정전기에서 비롯되는 현상이야.

정전기를
얕보면 안 돼!
매우 강력하거든.

정전기는 어떻게 생길까?

물체가 서로 마찰하면 전자가 이동하면서 중성이었던 물체가 양(+)전하, 또는 음(-)전하를 띠게 돼. 이렇듯 **물체가 전기를 띠게 되는 현상을 대전**이라고 하지. **이때, 발생한 전기를 마찰전기, 혹은 정전기**라고 하는 거야. 그리고 **전기를 띠게 된 물체를 대전체**라고 해.

정전기를 얕잡아보면 안 돼. 정전기가 발생하면 순간적으로 1만 볼트가 넘는 전압이 발생하기도 하고 전류도 꽤 커서 무시할 수 없어. 다만 이때 흐르는 전류의 양이 작기 때문에 보통 큰 피해를 주지는 않아.

스웨터

풍선

언제까지 전기를 띠고 있을까?

그렇다면 방전이란 무엇일까? **마찰하여 전기를 띠게 된 대전체는 공기, 몸, 땅 등과 닿으면 전류가 흘러 결국 중성으로 되돌아가는데, 이를 바로 방전**이라고 해.

배터리가 다 닳아서 더 이상 전류가 흐르지 않는 상태, 번개가 치는 현상도 방전이라고 하지. 번개에 대해서는 뒤에서 다시 자세히 설명할게!

배터리

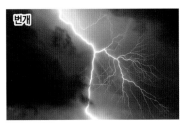
번개

오늘의 연구 결과

물체가 서로 마찰하여 생긴 전기가 정전기!

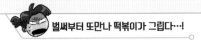
벌써부터 또만나 떡볶이가 그립다…!

3

사건의 중심에는 헤나가 있다

태리와 해나의 한숨이 꾀죄죄한 식당에 퍼졌다. 건우의 말은 모두 사실이었기에 반박할 수가 없었다. 이렇게 덥석 따라오는 게 아니었다. 팸플릿에 적힌 '건강 쑥쑥 수련회'라는 문구를 의심했어야 했는데. 배고픔을 견딜 수 없었던 건우는 떡볶이를 입에 넣었지만 표정이 금세 일그러졌다.

원장님의 호통이 이어졌다.

"맵고 짠 음식이 몸에 얼마나 안 좋은 줄 알아? 싱겁게 먹어야 건강하지! 소시지도 빼고 싶었는데 큰맘 먹고 준 거야!"

채소를 좋아하는 초등학생은 찾아보기 힘든 법. 아이들은 배고픔을 달래기 위해 밍밍한 떡볶이와 서걱거리는 양상추를 먹을 수밖에 없었다.

에어컨 좀 켜 주세요.
아까 운동했더니
더워요.

어허!
더웠다 추웠다
하면 감기 걸려!
건강을 생각해야지!

뭘 찾아?

이럴 줄 알고
가져왔지.

히힛!
시원하다.

위잉

오

김건우 나도
좀 빌려줘.

에이, 나도 많이
못 썼는데.

훗!

조금만 쓰고
돌려줘.

손 선풍기가 해나의 손으로 넘어갔다. 미약한 바람이었지만 그래도 땀을 식혀 주었다. 옆에 있던 아이가 해나의 옆구리를 찔렀다. 해나는 그 아이에게 손 선풍기를 넘겨주었다. 그렇게 건우의 손 선풍기는 아이들 사이를 한 바퀴 돌고 나서야 다시 건우에게 돌아왔다.

"이게 뭐야! 바람이 약해졌잖아! 건전지도 안 가져왔는데. 박해나, 네가 다른 애들한테 빌려줘서 이렇게 됐잖아!"

"안 쓸 때는 건전지를 빼놔. 그러면 더 오래 쓸 수 있어."

건우는 투덜거리면서도 해나가 시키는 대로 했다. 천장에 붙어서 해나를 지켜보던 개구리의 눈이 반짝였다. 전기를 아끼는 아름다운 모습도 모자라 저런 방법도 알고 있다니. 하지만 해나에게 짜증을 부린 저 남자애는 혼이 나야 한다.

그런데 저건…
내가 좋아하는
소시지?

배고프고 힘든데
내 손 선풍기 어쩔 거야?
괜히 빌려줬어!

폴짝

개구리는 바닥으로 폴짝 뛰어내렸다가 식탁으로 뛰어올라 건우의 식판에 있던 소시지를 앞발로 움켜쥔 채 도망쳤다.

"뭐야, 내 소시지 누가 먹었어!"

태리가 한숨을 쉬었다.

"아무도 안 먹었거든? 네가 아까 먹었겠지."

"무슨 소리야. 마지막에 먹으려고 아껴 뒀는데!"

건우는 김상욱 아저씨의 튀김을 그리워하며 샐러드를 젓가락으로 짜증스럽게 휘저었다. 양상추샐러드라니. 평소라면 절대 먹지 않았을 음식이다.

채소가 얼마나
건강에 좋은지 아니?

스윽

남기면 다시
체력 단련이다!

깜짝

식사를 마친 아이들은 수련원 2층에 있는 방으로 올라왔다. 재미없는 운동에 맛없는 점심까지 먹은 아이들은 하나씩 바닥에 쓰러졌다. 안 그래도 퀴퀴한 방에 아이들의 땀 냄새가 더해졌다. 태리가 환기를 위해 창문을 열었다.

"김건우, 여긴 여자 방이거든? 빨리 남자 방으로 가!"

"못 가. 풀만 먹어서 힘이 없단 말이야. 다음은 뭐 할 차례지? 휴대폰 게임이나 하면 좋겠다."

해나가 팸플릿을 들여다보며 말했다.

"한 시간 휴식한 다음에 보물 찾기, 그다음은 바비큐와 캠프 파이어."

대자로 뻗어 있던 건우가 벌떡 일어났다. 그러더니 더워서
못 살겠다고 투덜거리며 손 선풍기와 빼놨던 건전지를 꺼냈다.

해나가 말했다.

"금세 다시 넣을 거면 뭐 하러 뺐냐?"

"네가 빼라고 했잖아. 에이, 왜
이렇게 안 들어가!"

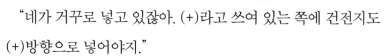

해나가 손 선풍기를 들여다봤
다. 건우는 건전지를 반대 방향으
로 넣고 있었다.

"네가 거꾸로 넣고 있잖아. (+)라고 쓰여 있는 쪽에 건전지도
(+)방향으로 넣어야지."

그러자 손 선풍기가 다시 시원찮은 바람을 내뿜기 시작했다.

해나가 말을 이었다.

"그런데 건전지에는 왜 (+)극이 있고 (−)극이 있을까? 전류
는 (+)극에서 (−)극으로 흐른다고 책에서 본 것 같은데."

태리가 물었다.

"전류? 전기랑 전류는 뭐가 다른데?"

건전지? 전류?
아주 간단하지~!

해나도 정확히 대답하지 못했다. 이렇게나 일상 곳곳에 물리가 존재하고 있었다니. 김상욱 아저씨가 또다시 그리워지는 순간이었다.

창가에 앉아서 해나를 바라보던 개구리는 대화에 끼어들고 싶어 좀이 쑤셨다. 해나가 궁금해하는 내용을 직접 상냥하게 설명해 줄 수 있으면 얼마나 좋을까.

전기의 흐름은 물의 흐름에 비유할 수 있어. 물이 높은 곳에서 낮은 곳으로 흐르듯 전기도 에너지가 높은 곳에서 낮은 곳으로 전하가 이동하지. 이 전하의 이동을 전류라고 생각하면 돼.

내가 알려줄 수 있는데!

하지만 안타깝게도 개구리의 생각을 해나가 알 리가 없었다.

전류에 대해서도 물어볼 겸 김상욱 아저씨한테 전화나 해 볼까…….

하지만 주머니에서 꺼낸 휴대폰은 배터리가 10퍼센트뿐이었다. 가방을 뒤졌지만 충전기가 보이지 않았다. 그러고 보니 아침에 충전기를 챙긴 기억이 없다.

해나가 휴대폰을 가방 위에 올려 두고 방을 나간 순간, 개구리의 눈이 반짝였다. 드디어 해나를 다시 도와줄 순간이 왔다! 가방 쪽으로 잽싸게 뛰어간 개구리는 자그마한 앞발을 빠르게 비빈 뒤 휴대폰에 댔다. 그러고는 다시 창가로 뛰어올랐다.

화장실에서 돌아온 해나가 휴대폰을 집었다.

"엥? 누가 내 휴대폰 충전해 줬어?"

선풍기를 쐬던 건우가 말했다.

"뭔 소리야. 충전기도 없는데."

해나는 눈을 비빈 뒤 다시 휴대폰 화
면을 쳐다봤다.

10퍼센트였던 배터리가 100퍼센트
로 충전이 되어 있다. 아무래도 아까
숫자를 잘못 읽은 모양이다.

그렇다면 김상욱 아저씨한테 전화할
수도 있겠는데…….

수련회가 재미없다고?
그렇게 가 버리더니
쌤통이다!

전기에 대해서는
왜 물어보니? 물리
이야기는 지겹다며!

거만

안 하는 게
낫겠지….

해나는 망설이다 휴대폰을 내려놓았
다. 김상욱 아저씨는 아직도 화가 나 있
을 것이다. 해나는 당연히 알지 못했다.
그 순간, 김상욱 아저씨도 휴대폰을 멍
하니 바라보고 있었다는 것을.

떡볶이 판 앞에 앉아 있던 아저씨는 거리로 시선을 돌렸다. 가장 북적여야 할 토요일 오후에도 또만나 떡볶이는 썰렁하기 그지없었다. 아이들이 함께 가게에 있었을 때는 아이들의 떠들썩한 목소리가 흘러나와서인지 지나가던 사람들이 종종 가게에 들어오곤 했는데.

점심은 맛있게 먹었나. 수련회는 기대만큼 재미있으려나……

강감독 박사의 비밀 연구 일지

③ 전기 회로를 타고 흐르는 전류

건전지? 전류?
아주 간단하지~!

내가 없으니까 아주 간단한 것도 잘 모르겠지?
역시 이러니저러니 내가 함께해야 한다니까?

전류에 대해 알아보기 전에 전기 회로부터 배워보자!

오늘의 일지

정확히
연결하지 않으면
전기가 흐르지 않아!

전기 회로를 연결하는 법

　전기 회로를 연결해 전구에 불이 들어오게 하려면 몇 가지 규칙을 지켜야

해. 바로 **전기가 흐를 수 있도록 전지, 전구, 전선을 끊어진 곳 없이 (+)극,**

(-)극 방향에 맞게 연결해야 한다는 것이지. 예를 들어 전선에 끊어진

곳이 있거나, 전선을 알맞지 않은 곳에 연결하거나, 전지를 반대로

연결하면 전류가 흐르지 않아. 다 알맞게 연결했니? 그럼 이제

전압, 전류, 저항에 대해 하나씩 차근차근 알아보자!

물의 흐름과 전기의 흐름은 똑같다?

전압, 전류, 저항은 흔히 물의 흐름에 비유된단다. 물이 떨어지는 높이는 전압, 흐르는 물줄기는 전류, 돌아가는 터빈이 저항에 해당하지.

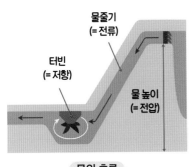

물줄기
(= 전류)

터빈
(= 저항)

물 높이
(= 전압)

물의 흐름

동일한 양의 물이라고 하더라도 높이가 높은 곳에서 떨어지면 힘이 더 강해. 즉, **전압이 높을수록 전기의 힘도 강해지는 것**이지. 저항이란 물의 흐름을 방해하는 터빈처럼 **전기의 흐름을 방해하는 요소**를 말해. 전류는 물이 흐르는 것처럼 **전선을 통해 흐르는 전기의 양**을 의미한단다. 전류에 대해서 아래에서 더 자세히 알아보자.

전류는 무엇일까?

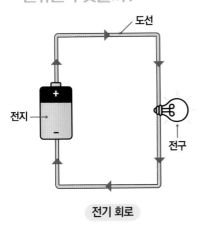

도선

전지

전구

전기 회로

전류는 (+)극에서 (−)극으로 흘러. 그리고 회로가 연결되는 즉시 흐르며, 그 속도는 빛의 속도와 같지. **전류의 단위로는 A(암페어)를** 사용하는데, 이는 **1초 동안 도선을 지나는 전하의 양**을 의미해.

전류의 세기는 전류계로 측정하는데, 측정하고자 하는 회로에 직렬로 연결해야 한단다. 물의 흐름이 얼마나 빠른지 알기 위해서는 물줄기를 직접 맞아봐야 하는 것과 같은 셈이야.

전류란 전선을 통해 흐르는 전기의 양을 의미!

그냥 눈 딱 감고 아이들한테 전화해 볼까…?

4

짜증도 가득,
실망도 가득

　　세 아이들은 뙤약볕 아래에서 햇빛 수련원 주변을 삼십 분째
헤매고 있었다. 짧은 휴식이 끝나고 시작된 보물찾기 시간.

　　원장님이 곳곳에 숨긴 번호표가 든 작은 통을 찾느라 아이들
은 모두 거지꼴이 되어 있었다. 쳐다보기도 싫은 체력 단련장
과 바닥이 드러난 수영장, 근처 숲의 나무 밑까지 샅샅이 살폈
지만 원장님이 말한 통은 어디에도 없었다.

　　태리가 숨을 몰아쉬며 앞쪽에 보이는 논을 가리켰다.

　　"힘내, 얘들아! 저쪽은 아직 안 봤잖아. 저기에도 없으면 포
기하자."

아이들은 땀을 쏟으며 논으로 무거운 발걸음을 옮겼다. 버려진 지 오래된 논인지 흙탕물 속에는 초록색 이파리가 하나도 보이지 않았다. 논 한가운데에는 낡은 허수아비가 있었고 고무 작업복과 고무장화, 고무장갑 따위가 논두렁에서 굴러다녔다.

고무 작업복을 들쳐 보던 해나가 이번에는 고무장화를 거꾸로 흔들었다. 장화 밑창에 묻어 있던 물과 함께 장화 안에서 투명한 플라스틱 통이 떨어졌다.

건우가 흙바닥 위에서 엉덩이를 굴렸다.

"에이, 나도 찾고 싶은데! 원장님이 1등 선물이 진짜 좋다고 했잖아. 박해나! 또 어디 있을 거 같냐?"

해나가 차분한 눈길로 주변을 훑었다. 해나의 시선이 곧 한 곳에 멈췄다.

"내 생각에는……."

"이 고무장화를 보면 밑창이 아직도 젖어 있잖아. 농사를 지은 지 꽤 오래된 논 같은데 버려진 장화가 왜 젖어 있겠어? 원장님이 이걸 신고 논 으로 들어가서 허수아비 속에 숨겨 놓은 거지."

건우가 해나의 손에서 장화를 낚아챘다. 건우는 장화를 발에
정신없이 구겨 넣더니 흙탕물을 첨벙거리며 허수아비 쪽으로
달려갔다.

건우가 하늘을 향해 두 팔을 활짝 벌린 채 소리쳤다. 바지는
흙탕물투성이가 됐지만 건우의 행복한 목소리가 황량한 논 위
에 울려 퍼졌다.

보물찾기를 끝낸 아이들은 수련원 강당에 모였다. 더위를 참을 수 없었던 건우가 에어컨 리모컨을 눌렀지만 시원한 바람이 나오지 않았다.

해나가 에어컨 뒤쪽을 살폈다.

"리모컨만 누르면 뭐 하냐? 코드가 안 꽂혀 있잖아."

하지만 건우가 전기 코드를 콘센트에 아무리 꽂으려 해도 들어가지 않았다. 건우는 무릎을 꿇고 콘센트 안을 들여다봤다.

"뭐가 막혀 있는 거 같은데. 기다려 봐."

건우가 무대 안쪽에 있는 방에서 금속으로 된 기다란 강연봉 두 개를 가져왔다.

건우가 발을 굴렀다.

"둘 다 김상욱 아저씨로 빙의라도 했냐? 그럼 도체가 아닌 건 뭔데! 더워 죽겠단 말이야!"

해나가 한숨을 쉬었다.

"종이나 고무로 된 물체는 전기가 잘 안 통하잖아. 그걸 '비도체'라고 했나? 기억이 안 나네. 어쨌든 콘센트 구멍은 절대로 쑤시면 안 돼."

에어컨 위에 앉아 있던 개구리는 해나의 말을 들으며 고개를 갸웃거렸다. 전기가 통하지 않는 물체는 비도체가 아니라 '부도체'라고 알려 주고 싶은 마음이 굴뚝같았지만, 입을 열어 봤자 개구리 울음소리만 튀어나올 것이다.

비도체가 아니라 부도체!

　건우가 투덜대려는 순간, 원장님이 상자를 들고 강당으로 들어왔다. 결국 에어컨은 켜 보지도 못한 채 아이들은 무대 앞 바닥에 주저앉았다. 보물찾기 시간은 조금도 즐겁지 않았지만 그래도 매콤달콤 삼총사 중 두 명이 보물을 찾았다. 과연 원장님이 '보물'이라는 이름에 걸맞은 선물을 준비했을지는 모르겠지만.

　반나절 만에 새까맣게 타 버린 아이들은 이제 한숨을 쉴 기운도 없었다. 선물이고 뭐고 벌써 고개를 꾸벅이며 조는 아이도 있었다.

해나가 손을 들고 무대 위로 올라갔다. 띄엄띄엄 들리는 박수 소리 속에서 원장님이 누런 봉투를 해나에게 건네주었다. 자리로 돌아온 해나는 봉투를 열었다. 그 안에는 분리수거장에서 막 주워 온 듯한 쭈글쭈글한 그림책이 들어 있었다.

"이제 2등이다. 2번을 찾은 사람 나와!"
단발머리 여자아이가 신나게 무대로 뛰어나갔다. 원장님이 검은 비닐봉지를 여자아이 손에 쥐여 주었다.

여자아이를 걱정스럽게 쳐다보던 태리가 손을 들었다.

"2등 선물은 뭐였어요?"

"나무젓가락 50개! 자장면
을 시켜 먹을 때마다 차곡차
곡 모았지. 환경도 건강만큼
소중하다. 너희도 나무젓가
락을 함부로 버리지 마!"

건우가 거만하게 중얼거렸다.

"이런이런, 내가 두 사람한테 미안해지는군. 1등 선물을 사느
라 우리 원장님께서 돈이 부족하셨나 봐."

원장님의 호통이 떨어지기 전에
태리와 해나는 무대로 올라가
건우를 끌고 내려왔다.
"오늘의 하이라이트인 바비
큐와 캠프파이어 시간이다!
다들 바비큐장으로 이동!"

이번에는 어떤 사건이 기다리고 있을까. 실망할 일이 아직도 남아 있을까. 이제는 아무런 기대도 되지 않는다. 꼬르륵거리는 배를 움켜쥔 채 원장님을 따라 바비큐장에 도착한 아이들은 눈앞에 펼쳐진 광경에 다시 한번 입을 벌렸다. 요리사 아주머니가 바비큐 기계 앞에서 음식을 굽고 있었지만 고기는 보이지 않았다. 고구마, 감자, 옥수수, 버섯이 그릴 위에서 구워지고 있었고, 옆에 놓인 바구니에는 쌈 채소와 방울토마토가 가득했다.

해나가 건우에게 속삭였다.

"이게 바비큐야? 난 캠핑을 가
본 적이 없어서."

"장난하냐? 바비큐에는 고기가
있어야지. 소시지랑 마시멜로도!
저렇게 채소만 굽는 게 어딨어!"

태리가 한숨을 쉬었다.

"건강 쑥쑥 수련회잖아. 팸플릿에서 비타민 가득한 식사라는
문구를 봤을 때 알아차렸어야 했는데. 그래도 캠프파이어를 보
면서 먹으면 그나마 낫겠지."

고기 생각을 애써 떨쳐내며 아이들은 의자에 앉아 채소로 가
득한 건강 만점 바비큐를 먹었다. 워낙 배가 고팠기에 다들 열
심히 먹었다. 쌈 채소와 방울토마토는 누구도 끝까지 손대지
않았지만.

태리가 손을 들었다.

"캠프파이어는 언제 해요?"

"아, 그래. 시작하자!"

아이들은 미심쩍은 얼굴로 주변을 살폈다.

불을 피울 장작이 어디에도 없는데 어떻게 캠프파이어를 하겠

다는 걸까.

원장님은 주머니에서 꺼낸 휴대폰을 테이블 위에 세웠다. 그

러고는 검색창에 '불멍'이라고 입력했다. 곧 타닥타닥 소리와

함께 불길에 휩싸인 장작 동영상이 재생됐다.

"자, 얘들아! 환경도 건강만큼 소중하다고 했지? 장작이 필요

없는 친환경 캠프파이어다!"

드디어 모든 일정이 끝나고 아이들이 방으로 돌아왔다. 남자 아이들도 여자아이들 방에 함께 모였다. 낮에는 그렇게 덥더니 해가 지자 언제 그랬냐는 듯이 쌀쌀해졌다.

태리가 창문을 닫는 동안 해나는 전기난로를 들여다봤다. 전기 코드를 꽂고 버튼을 눌러 봤지만 온기는 느껴지지 않았다.

해나를 안쓰러운 눈길로 지켜보던 개구리의 눈이 반짝였다.
개구리는 벽에서 뛰어내려 전기난로를 살펴봤다. 전기 에너지를
열에너지로 바꿔 주는 기계인 모양이다. 전기 코드는 콘센트에
꽂혀 있지만 가까이에서 보니 전선에 검은 테이프가 감겨 있다.

전선이 오래되어 피복이 벗겨졌거나 예전에도 고장이 나서
테이프를 감아 놓은 모양이다. 난로가 작동하지 않는 건 전선
문제일 가능성이 크다.

그렇다면.

개구리는 앞발을 재빨리 비빈 뒤 전선에 갖다 댔다.

다른 아이들도 추웠는지 난롯가에 모여 앉았다.
개구리가 난로 뒤에서 작은 얼굴을 내밀고 뿌듯한
표정을 지었지만 아무도 눈치채지 못했다.

태리가 아이들을 바라보며 음흉
하게 웃었다.

"수련회의 꽃은 무서운 이야기!"

개구리의 눈이 가늘어졌다. 저 녀석은 뭔데 해나에게 번번이 소리를 지른단 말인가.

개구리는 전등 스위치를 올려다봤다. 해나의 말은 무엇이든 들어주고 싶다. 금세라도 뛰어올라 스위치를 끌 수도 있겠지만 그랬다가는 저 녀석이 스위치를 다시 켤 것이다. 개구리는 살짝 열려 있는 문밖으로 나갔다. 그리고 복도 끝에 있는 전원차단기 쪽으로 달려갔다. 2층에 흐르는 전류를 한꺼번에 차단할 수 있는 장치다. 개구리는 재빨리 앞발을 비빈 뒤 퓨즈에 갖다 댔다.

이런, 전류를 너무 많이 흘렸나.

매캐한 냄새와 함께 퓨즈가 녹아 버렸지만 개구리의 바람대로 2층은 순식간에 암흑에 잠겼다.

개구리가 아이들이 모인 방으로 돌아왔을 때, 건우는 태리에게 달라붙어 고래고래 소리를 지르고 있었다. 해나가 휴대폰의 손전등 앱을 켜고 벽에 있는 전등 스위치를 눌러 봤지만 아무런 반응이 없었다.

"이상하네. 왜 갑자기 전등이 나갔지? 원장님이 빨리 자라고 전기를 끊어 버렸나?"

태리가 건우를 밀어내며 손짓했다.

"해나야, 빨리 와! 무서운 이야기 해야지!"

태리의 부름에 해나와 다른 아이들이 자리에 모여 앉았다. 휴대폰 불빛만이 아이들의 꾀죄죄한 얼굴을 밝혔다. 전등이 꺼지자 분위기는 확실히 으스스해졌다. 옆 사람과 바짝 붙어 앉은 아이들은 바람 소리에 창문이 흔들릴 때마다 어깨를 움츠렸다.

"햇빛 초등학교를 졸업한 우리 사촌 언니한테 들은 얘기야. 옛날에 한 남자아이가 개구리 동상이 이상하다는 걸 발견했대. 동상의 책장이 매일 조금씩 줄어 있던 거지. 동상이 밤마다 책을 읽고 있는 것처럼 말이야. 그래서 남자아이는 매일 책장 두께를 재 봤대. 두께는 날이 갈수록 줄어들었고, 드디어 마지막 한 장만 남았지! 그날 밤, 남자아이는 호기심을 참지 못하고 학교를 찾았어. 마지막 장을 다 읽은 동상은 남자아이를 보더니 고개를 번쩍 들었어. 그리고 이렇게 말했지! 뭐라고 했냐면……."

"으아아아악!"

그때, 밖에서 들려온 소름 끼치는 비명에 방 안은 아수라장이 됐다. 아이들은 더 크게 소리를 지르며 서로를 껴안고 엄마 아빠를 불렀다.

해나가 자신의 팔에 판다처럼 매달린 건우를 일으켜 세웠다.

"누가 소리를 질렀지? 가 보자."

"싫어! 개구리 동상이면 어떡해!"

"개구리 동상이 여길 왜 와! 그리고 책을 열심히 읽는 동상은
나쁜 귀신일 리가 없다고."

태리는 벌써 복도로 달려가고 없었다. 해나와 건우도 태리를
뒤쫓았지만 2층 복도에는 아무도 보이지 않았다.

해나가 손가락으로 위쪽을 가리켰다.

"3층 아닐까? 위쪽에서 소리가 들렸어."

아이들은 휴대폰 불빛에 의지한 채 계단을 뛰어올랐다. 다행
히 3층에는 전등이 들어와 있었다. 복도를 살피던 아이들은 복
도 끝 샤워실에 누군가 쓰러져 있는 것을 발견했다.

도대체 누굴까. 왜 비명을 질렀을까.

그 사람의 정체를 확인한 순간, 세 아이들의 심장은 아래로
곤두박질쳤다.

 ④ # 흘러라! 전압,
막아라! 저항

오늘의 연구 대상

개구리가 전원 차단기를 폭발시켰어!
어쩌다가 전원 차단기가 터지게 된 걸까?
전류에 대해서는 이해했으니 전압과 저항에 대해 배워보자!

오늘의 일지

내가 전기라면
전압이 얼마나 될까?

전압과 저항을 알아보자!

전류란 전선을 통해 흐르는 전기의 양이라는 것을 배웠어.
이번엔 전압과 저항에 대해 조금 더 자세히 알아보자.
전압이란 전류를 흐르게 하는 능력을 의미해. 사람으로
치면 심장이 뛰는 것과 같은 것이지! **저항은 회로에서 전류의
흐름을 방해하는 것들**이야. 장애물 달리기를 할 때 각각의
장애물과 같은 것이지!

자세히 들여다보기 : 전압과 저항

전압의 단위는 V(볼트)를 사용해. 전압이 커질수록 더 큰 전류를 흘릴 수 있지.

전압의 세기는 전압계로 측정할 수 있는데, 측정하고자 하는 회로에 병렬로 연결해야 해. 얼마나 높은 곳에서 떨어지는지를 볼 때는 옆에서 봐야 정확히 관찰할 수 있는 것과 같은 셈이야.

저항의 단위는 Ω(옴)을 사용해. 저항이 클수록 전류의 흐름을 많이 방해하지.

저항은 때때로 오히려 도움을 주기도 하는데, 회로에 연결된 전기 히터, 전구 등의 전자제품은 저항을 이용해 열과 빛을 내기 때문이야. 전구의 필라멘트, 헤어드라이어의 코일 등이 저항에 해당하지.

모든 물질에 전기가 통할까?

물체는 저항의 크기에 따라 도체와 부도체로 나뉘어. **저항이 작아서 전기가 잘 통하는 물질을 도체, 저항이 매우 높아 전류가 거의 흐르지 않는 물질을 부도체**라고 하지.

<table>
<tr><td align="center">도체</td><td align="center">부도체</td></tr>
</table>

예 금, 철과 같은 금속   예 나무, 유리

오늘의 연구 결과

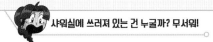

전류를 흐르게 하는 전압! 전류를 방해하는 저항!

샤워실에 쓰러져 있는 건 누굴까? 무서워!

5

너무
보고 싶었어!

원장님의 몸에 손을 대려던 태리의 팔을 해나가 붙잡았다.

"혹시 모르니까 만지지 마! 바닥에 있는 물도 밟지 말고! 원 장님은 전기에 감전돼서 쓰러졌을지도 몰라. 감전된 사람은 절 대로 만지면 안 돼."

해나는 샤워실 벽에 달린 전기온수기와 바닥에 떨어진 샤워 기, 끝부분이 까맣게 변한 금속 호루라기를 가리켰다.

건우가 외쳤다.

"무슨 소리야! 왜 갑자기 전기에 감전돼!"

해나의 예상은 사실이었다.

3층을 돌아보던 원장님은 물이 똑똑 떨어지는 샤워기와 바닥에 나뒹구는 비누를 발견했다. 물을 잠그려고 샤워기 레버를 눌렀지만 낡아서 고장 난 샤워기에서는 물이 갑자기 폭포처럼 쏟아졌고, 그러다 전기온수기의 손상된 전선까지 물이 튀고 말았다. 그리고 물을 통해 바닥에도 전기가 흐르게 되었다.

해나가 주변 상황을 고려한 자신의 추리를 이어갔다.

"고무에는 전기가 안 통한다고 했던 말 기억나? 고무신 덕분에 감전을 피할 수 있었지만 비누를 주우려다가 금속 호루라기 끝이 물에 닿으면서 금속 목걸이를 타고 전기가 흐른 것 같아."

태리가 다급하게 말했다.

"빨리 119에 신고하자."

태리가 전화를 걸어 사정을 말하는 동안, 건우가 원장님의 얼굴을 들여다봤다.

"얘들아, 원장님이 이상해. 숨을 안 쉬는 것 같아."

어떻게 하지?

나도 몰라!

아이들은 두려움에 질린 얼굴로 서로를 바라봤다. 학교에서 심폐소생술을 배웠지만 감전되었을지도 모를 원장님의 몸을 만질 수는 없다. 아이들은 이러지도 저러지도 못한 채 발만 동동거렸다.

게다가 이곳은 산속에 있는 수련원이다. 구급대가 언제 도착할지 모른다.

결국 해나가 울음을 터뜨렸다.

"난 몰라! 누가 어떻게 좀 해 봐!"

전기온수기 위에 앉아 있던 개구리는 해나가 슬퍼하는 모습을 더 이상 지켜볼 수가 없었다.

이제 자신의 모습을 드러내는 방법밖에 없다.

엉엉

　개구리는 원장님의 가슴 위로 뛰어내렸다. 화장실에 아이들
의 비명이 울려 퍼졌다.

　"으악! 개구리 동상이다!"

　개구리가 앞발을 비비자 매끈한 피부에서 불꽃이 튀어 올랐
다. 개구리가 원장님의 왼쪽 가슴에 앞발을 대자 원장님의 몸
이 들썩였다.

해나가 울먹이며 말했다.

"원장님, 괜찮으세요? 구급대가 오고 있으니까 조금만 기다리세요. 혹시 샤워기를 건드린 다음에 이렇게 되셨어요?"

원장님은 고개를 끄덕이고 다시 눈을 감았다.

전기온수기를 쳐다보던 개구리는 전선 위로 풀쩍 뛰어오르더니 앞발로 전기 코드를 잡았다.

아이들은 입을 벌린 채 개구리가 낑낑거리며 전기 코드를 잡아당기는 모습을 지켜봤다. 마침내 전기 코드가 콘센트에서 빠졌다. 개구리는 해나에게 찡긋 윙크를 보낸 뒤 창밖으로 사라졌다. 잠시 동안 화장실에는 침묵만이 흘렀다.

태리가 간신히 입을 열었다.

"저 개구리는…… 개구리야? 그러니까…… 진짜 개구리냐
고."

해나가 아이들의 팔을 잡으며 이데아 도감을 꺼냈다.

"우리끼리 얘기 좀 하자."

"헐, 그걸 여기까지 들고 왔냐?"

"혹시 몰라서 챙겨왔어."

아이들은 건물 밖 가로등 아래에서 구급대를 기다리며 이데
아 도감에 고개를 들이밀었다. 그러고는 화장실에 나타난 작은
개구리의 모습을 떠올리며 노트를 한 장씩 넘겼다.

태리가 외쳤다.

"이거야!"

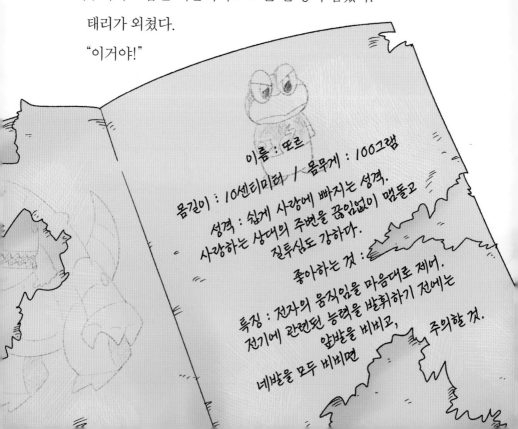

이름 : 또르

몸길이 : 10센티미터 / 몸무게 : 100그램

성격 : 쉽게 사랑에 빠지는 성격.
사랑하는 상대의 주변을 끊임없이 맴돌고
질투심도 강하다.

좋아하는 것 :

특징 : 전자의 움직임을 마음대로 제어.
전기에 관련된 능력을 발휘하기 전에는
앞발을 비비고, 주의할 것.
네발을 모두 비비면

아이들은 도감의 내용을 주의 깊게 읽었다. 지난번, 열 이데아 히트랩터를 잡을 때는 몸무게를 신경 쓰지 않았던 바람에 아찔한 위기를 겪었다. 히트랩터의 몸무게가 그렇게 무거울 줄은 아무도 몰랐던 것이다. 하지만 이번에도 도감에 실린 정보는 완벽하지 않았다. 중요한 내용으로 보이는 부분이 두 군데나 찢어져 있다.

건우가 물었다.

"전자의 움직임을 마음대로 제어한다는데, 전자가 뭐야?"

해나가 말했다.

"그새 까먹었냐? 모든 물질은 원자핵과 전자로 이루어진 원자로 구성되어 있다고 김상욱 아저씨가 알려줬잖아."

누가 내 얘기 하나?

후비적

태리가 자신의 손을 내려다보며 물었다.

"아까는 앞발을 비벼서 순간적으로 강한 전류를 흐르게 만든 건가? 자기 몸을 심장충격기처럼 쓴 거지. 근데 또르가 네발을 다 비비면 어떻게 될까?"

건우가 어깨를 떨며 말했다.

"너희는 히어로 영화도 안 봤
냐? 하늘에서 천둥번개가 꽝꽝
치겠지!"

"헐! 그럼 쇠망치 같은 것도
가지고 다니나?"

건우와 태리가 또르에 대한 추측을 늘어놓는 동안, 해나는
또르의 성격이 적힌 부분을 읽고 또 읽었다.

"어쩐지 이상하다 싶었어. 모두 또르가 했던 일이야."

건우가 투덜댔다.

"넌 또 무슨 소리냐."

"내가 원장님한테 혼나고 있을 때 원장님이 등에 정전기라도
난 것처럼 따가워했던 거 기억나? 10퍼센트밖에 없던 휴대폰
배터리가 100퍼센트로 충전되어 있던 것도?"

태리가 끼어들었다.

"그러고 보니 네가 춥다고 하니까 전기난로가 켜졌어. 원장님이 기절했을 때는 네가 우니까 또르가 나타났고!"

푸하하하하하하.

건우의 입가가 씰룩였다. 목 언저리부터 발그스름하게 물들더니 결국 새빨간 얼굴로 눈물까지 흘리며 웃어 댔다.

"그 개구리가 너한테 반한 거야? 진짜 축하한다, 박해나!"

"또르가 왜 나를 좋아하는지는 모르겠지만 빨리 잡아야 해. 날 따라서 햇빛 마을에 오기라도 한다면 전기에 관련된 온갖 사고가 벌어질 거야. 문제는……."

해나는 이데아 도감만 챙겨 온 자신을 탓하며 말을 이었다.

"이데아 캔이 없다는 거지."

아이들은 생각에 잠겼지만 해결책을 떠올리기까지 많은 시간이 필요하지는 않았다. 아이들의 얼굴에 곧 귀여운 미소가 번졌다.

　손님도 없겠다, 일찍 가게 문을 닫은 김상욱 아저씨는 테이블에 영수증과 계산기를 올려놓았다. 하지만 오늘은 굳이 계산기를 두드릴 필요도 없었다. 허탈한 마음으로 자리에서 일어나려던 순간 휴대폰이 울렸다.

　화면에는 태리의 이름과 함께 태리와 같이 찍은 사진이 떠 있었다. 아저씨는 득달같이 전화를 받고 싶은 마음을 누르며 한참 뜸을 들이다 전화를 받았다.

　"여보세요? 누구라고? 태리? 나야 너무 잘 있지. 아이고, 지금도 손님이 얼마나 많은지……. 뭐라고!"

　아저씨는 말을 멈추고 태리의 이야기를 들었다.

　"바쁘지만 최대한 빨리 갈게. 그래그래, 끊는다."

아저씨는 휴대폰을 테이블에 올려놓았다. 아저씨의 입꼬리가 서서히 위로 치솟더니 텅 빈 가게에 요란한 웃음소리가 울려 퍼졌다.

잠시 뒤, 김상욱 아저씨는 또르 포획 준비물이 담긴 가방을 자동차 트렁크에 실었다. 가게 밖 자동차 안에서 김상욱 아저씨를 감시하던 블랙과 화이트는 이 모습을 수상쩍게 바라봤다.

둘은 입이 찢어지게 하품을 했다. 온종일 차 안에 갇혀 썰렁한 또만나 떡볶이만 감시했더니 다리에 감각이 없을 지경이다.

블랙이 마 회장에게 전화를 걸어 사정을 말했다.

마 회장의 쩌렁쩌렁한 목소리가 휴대폰 밖으로 흘러나왔다.

"이데아를 잡으러 가는지도 모르잖아! 따라가!"

"무슨 이데아예요. 딱 봐도 여행 가방인데."

화이트가 말했다.

"피곤한데 퇴근하면 안 돼요?"

"누구 마음대로 퇴근이야! 쫓아
가서 뭘 하는지 휴대폰으로 샅샅이
찍어!"

김상욱 아저씨의 차가 출발했다.
두 비서들도 한숨을 내쉬며 시동을
걸었다. 김상욱 아저씨는 자신을 미행하는 차가 있는지도 모른
채 어둠에 잠긴 한적한 도로를 쏜살같이 달렸다.

주차장에 다다른 아저씨는 흙냄새와 솔잎 향기를 들이마시며 수련원 건물을 올려다봤다. 제대로 찾아온 걸까. 밤이라 그런지 팸플릿에서 봤던 세련된 건물과는 영 다른 모습이다. 아저씨는 괜히 헛기침을 하며 아이들을 찾아 건물을 향해 걸었다. 최대한 담담하게 아이들을 마주할 생각이다. 아이들을 그리워했던 기색은 절대로 내지 않을 것이다.

건물 앞에 모여 있던 아이들이 김상욱 아저씨를 발견하고 뛰어왔다. 아이들의 얼굴을 보는 순간, 아저씨의 결심은 눈 녹듯이 사라졌다. 아저씨의 눈에 순식간에 눈물이 차올랐다.

아저씨는 두 팔을 활짝 벌린 채 아이들에게 달려갔다. 환한 달빛 아래 네 사람은 부둥켜안고 빙글빙글 돌았다.

김상욱 아저씨는 정신을 가다듬고 아이들을 살폈다. 오늘 아침만 해도 멀쩡했던 아이들이건만 몸에서는 땀 냄새가 진동하고 옷은 흙투성이다. 게다가 오동통했던 얼굴은 온데간데없이 볼도 움푹 꺼졌다.

"너희들 도대체 어떤 하루를 보낸 거니. 지옥 훈련이라도 받고 온 사람 같은데."

김상욱 아저씨가 손을 들어 아이들을 진정시켰다.

"워워, 진정해. 대충 들어도 어땠는지 알겠다. 얼른 이데아를 잡고 집에 가자. 일단 차에 타!"

아이들은 환호성을 지르며 익숙한 차 안으로 들어갔다. 아이들의 코끝이 씰룩였다. 어디선가 강렬한 기름 냄새가 풍겼다.

김상욱 아저씨가 가방에서 튀김이 든 반찬통을 꺼내자마자 아이들이 달려들었다. 아저씨는 아이들이 튀김을 들고 허겁지겁 먹는 모습을 바라봤다.

정신없이 튀김을 먹는 아이들에게 김상욱 아저씨가 말했다.

"또르가 어떤 이데아고, 어떤 일을 벌였는지는 태리에게 들었어. 해나가 여기까지 이데아 도감을 챙겨 왔을 줄은 몰랐네. 정말 기특하다."

아저씨가 애정을 듬뿍 담아 해나의 머리를 쓰다듬었다. 몰래 이데아 도감을 가져왔다고 혼만 날 줄 알았는데. 기름으로 번질번질한 해나의 입가에 미소가 떠올랐다. 역시 아저씨에게 전화하길 잘했다. 아저씨가 꼭 있어야 한다.

건우가 목소리를 낮추고 속삭였다.

"지금까지는 이데아를 어떻게 유인할지가 고민이었잖아요? 이번에는 그런 걱정은 안 해도 돼요. 지금도 근처 어딘가에서 해나를 쳐다보고 있을걸요?"

태리가 물었다.

"그럼 또르는 어떻게 잡아요?"

아저씨가 가방을 가리켰다.

"충전지를 이용할 생각이야. 다행히 이번 준비물은 지하 연구실에 다 있더라고. 이 시간에 벨라 요원을 호출했으면 또 신경질을 부렸을 텐데."

"충전지요? 그게 뭔데요?"

"우리가 흔히 사용하는 건전지는 수명이 다할 때까지 사용하면 끝이잖니? 충전지는 전기를 저장할 수 있기 때문에 충전을 하면 계속 쓸 수 있어. 휴대폰, 노트북, 전기 자동차에도 충전지가 들어 있지. 충전지의 원리는……."

아니나 다를까. 아저씨는 기다렸다는 듯이 물리 이야기를 늘어놓기 시작했다.

건우가 손을 들었다.

"그래서 충전지로 어떻게 하는데요?"

"일단 다른 사람들에게 이데아 포획 장면을 들키면 안 되는데……. 저 건물에 사람이 없고 널찍한 방이 있을까?"

해나가 말했다.

"다른 애들은 부모님들이 와서 데려갔어요. 원장님도 구급차가 병원에 싣고 갔고요. 제 생각에는 1층에 있는 강당이 좋을 것 같아요."

"좋아. 그럼 그 강당을 이용하자. 지금부터 또르 포획 작전을 설명해 줄 테니 잘 들어."

해나가 물었다.

"직렬연결이 뭐예요?"

"전지의 연결 방법에는 직렬연결과 병렬연결이 있어. 우리
가 쓸 직렬연결은 전지 여러 개를 서로 다른 극끼리 일렬로 연
결하는 방법이지. 또르의 힘이 얼마나 강력한지 모르기 때문에
전지를 직렬로 연결해서 충전 전압을 더 높게 만들어야 해."

태리가 말했다.

"금속판에는 뭘 올려놓죠? 또르가 해나 말고 좋아하는 게 뭘
까요? 이데아 도감에서 그 부분은 찢어져 있었어요."

건우가 의미심장한 얼굴로 태리와 해나를 바라봤다.

"너희들 솔직히 말해. 아까 점심때 내 식판에 있던 소시지 먹
었어, 안 먹었어? 너희가 내 양옆에 앉아 있었잖아."

"안 먹었다고 몇 번을 말하냐."

"그래! 난 내 소시지도 안 먹었거든?"

건우가 김상욱 아저씨에게 말했다.

"점심때 누가 제 소시지를 훔쳐 갔거
든요. 얘들이 아니라면 범인은 또르예
요. 그때도 또르는 우리 주변에 있었을
테니까요. 아저씨가 편의점에서 사 온
소시지를 놓으면 되지 않을까요?"

"좋아! 그렇게 하자."

김상욱 아저씨는 지금까지 이데아를 잡을 때 썼던 무전기보
다 업그레이드된 무전기를 모두에게 나눠주었다. 귓속에 넣으
면 감쪽같이 보이지 않는 초소형 무전기였다.

"우리 이렇게 하자. 함정을 설치하는 모습을 또르가 보면 안
되니까 태리와 해나는 내가 신호를 줄 때까지 차 안에서 기다
리면서 또르를 여기에 붙잡고 있어 줘. 건우는 나랑 같이 또르
포획 장치를 설치하러 강당으로 가자."

김상욱 아저씨가 오자 모든 일이 착착 진행되기 시작했다. 그 어떤 날보다 고된 하루였지만 아이들의 마음은 이데아를 잡는다는 설렘과 긴장으로 두근거리기 시작했다.

해나와 태리가 차 문밖으로 고개를 내밀었다.

이번 작전은 어느 때보다 간단해 보였다. 오랫동안 거울을
들고 서 있지 않아도, 바람 빠진 튜브를 불지 않아도 된다. 벽에
계란판을 붙이고, 힘들게 인형 배를 꿰맬 필요도 없다.

김상욱 아저씨의 마음도 어
깨에 멘 가방처럼 가벼웠기에
가로등 위에서 자신을 노려보
는 또르를 알아차리지 못했다.

갑자기 나타난 아저씨를 반
가워하고, 아저씨가 머리를 쓰
다듬자 방긋 웃던 해나.

또르의 입은 질투로 씰룩이
고 있었다.

기나긴 하루가 드디어 끝나 가고 있었다. 태리와 해나는 흐
뭇하게 웃으며 의자에 몸을 기댔다. 이번 작전은 모두의 생각
대로 쉽게 진행될 수 있을까.

과연 그럴까.

광덕 박사의 비밀 연구 일지

⑤ 전기 회로 연결하기
: 직렬연결, 병렬연결

전압 대결,
직렬 판정승!

또르를 잡아낼 계획이 준비됐어!
핵심 중의 하나는 충전기 두 개를 직렬로 연결한다는 거지!
직렬연결과 병렬연결은 뭐가 다를까?

오늘의 일지

직렬연결, 병렬연결

전기 회로를 연결하는 방법에는 크게 두 가지가 있어.
직렬연결과 병렬연결이지. **직렬연결은 전지, 저항 등을**
일렬로 연결하는 방법이야. 회로가 중간에 나눠지지 않고
계속해서 연결되어 있지. 그렇다면 병렬연결은 무엇일까?
병렬연결은 전지와 전지 사이, 저항과 저항 사이 등에서
회로가 갈라지게 연결하는 방법이야.

직렬연결과
병렬연결에는 좋고
나쁨이 없어!

전지와 저항의 직렬, 병렬

전지 한 개와 전구 한 개를 연결한 회로를 기준으로 전지와 저항을 직렬, 병렬 연결하는
경우를 비교해보자.

기준 연결

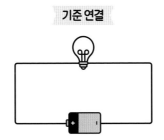

전지의 직렬연결

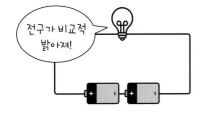

전구가 비교적 밝아져!

전지의 병렬연결

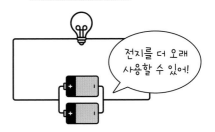

전지를 더 오래 사용할 수 있어!

저항의 직렬연결

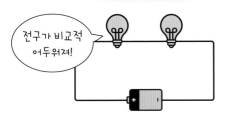

전구가 비교적 어두워져!

저항의 병렬연결

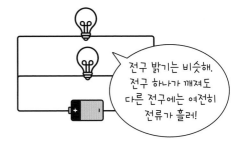

전구 밝기는 비슷해. 전구 하나가 깨져도 다른 전구에는 여전히 전류가 흘러!

전기 회로의 연결 방식은 각각의 특징을 갖는다!

 또르가 심상치 않아 폭풍전야 같은 느낌이랄까?

6

끝난 줄
알았지?

김상욱 아저씨는 강당 바닥에 가방을 내려놓았다. 그리고 충전지 두 개와 가로세로 길이가 20센티미터 정도 되는 금속판, 전선의 피복을 벗길 때 쓸 가위와 펜치를 꺼냈다.

건우는 바닥에 앉아 아저씨의 가방에서 남은 간식들을 꺼냈다. 김상욱 아저씨의 애틋한 눈길이 건우를 향했다. 도대체 어떤 식사가 나왔기에 며칠은 굶은 것 같을까.

건우가 삼각김밥 포장지를 벗기며 말했다.

"안 그런 척했지만 해나랑 태리한테 미안해요. 잘 알아보고 수련회에 초대했어야 했는데. 아저씨를 가게에 혼자 두고 우리끼리 놀러 온 것도 미안하고요."

"내가 짜증도 덜 내고 잔소리도 안 했으면 이런 일도 없었겠지. 그래도 여기 온 덕분에 전기 이데아를 잡을 수 있게 됐잖니? 이번 수련회는 싹 잊어버리고 다음에는 우리끼리 캠핑 가자."

아저씨는 장갑을 끼고 작은 가위와 펜치를 들었다. 그리고 금속판에 감을 부분의 전선 피복을 벗겨내기 시작했다. 건우는 삼각김밥을 우물거리며 아저씨의 능숙한 손놀림을 지켜봤다. 충전지와 전선에 둘러싸인 채 작업에 몰두한 아저씨가 오늘따라 멋져 보였다. 피복 안에 들어 있던 갈색 구리 선이 드러나자 아저씨는 금속판에 구리 선을 조심스럽게 감았다. 그리고 금속판이 움직이지 않도록 네 귀퉁이를 테이프로 고정했다.

건우는 다 먹은 삼각김밥 포
장지를 바닥에 던진 뒤 가방에
서 소시지를 꺼냈다. 그리고 비
닐을 벗겨 금속판 위에 놓아두
었다.

"또르는 네발을 비비기도 한다고 이데아 도감에 쓰여 있었잖
아요. 또르가 그런 행동을 하면 무슨 일이 일어날까요? 나는 하
늘에서 번개가 막 칠 것 같은데."

"또르는 전기 이데아니까 충분히 가능한 일이야. 번개도 우
리 주변에서 볼 수 있는 전기 현상 중 하나지. 구름은 얼음 알
갱이들과 물방울로 이루어져 있는데 구름이 지면과 마찰을 일
으키면 마찰전기가 만들어지며 불꽃이 번쩍이게 돼. 이 불꽃이
바로 번개지. 아까 보니 수련원 지붕에도 피뢰침이 있던데?"

김상욱 아저씨는 건우의 말대로 태리와 해나를 불렀다.

"좋아. 해나야, 태리야. 내 말 들리니? 우리는 준비 끝났어. 나랑 건우는 커튼 뒤에 숨어 있을 테니까 강당으로 와. 또르가 따라올 수 있도록 문은 열어 두고."

"네! 금세 갈게요!"

살짝 열린 문틈으로 김상욱 아저씨와 건우를 촬영하던 블랙과 화이트는 음흉한 눈빛을 주고받았다.

블랙이 속삭였다.

"아무래도 이데아를 잡으려는 속셈 같은데."

"이데아는 햇빛 마을에만 있는 거 아니었어? 여자애들이 올 테니까 일단 숨자!"

한편 자동차에서 내린 해나와 태리는 강당을 향해 떨리는 발걸음을 옮겼다. 애써 태연한 얼굴을 하고 있었지만 두 아이의 눈동자는 또르를 찾아 양옆으로 흔들렸다.

또르가 언제까지 해나를 따라다닐지는 알 수 없다. 수련회도 끝났으니 세 아이들도 집에 돌아가야 한다. 또르가 햇빛 마을까지 해나를 쫓아오면 마을에서 어떤 사고를 칠지 모른다.

반드시 지금, 사람들이 없는 이곳에서 잡아야 한다.

강당으로 들어가자 바닥 한가운데 설치한 금속판이 보였다. 해나와 태리는 또르가 들어올 수 있도록 문을 활짝 열어 놓았다. 둘은 금속판을 건드리지 않게 조심하며 바닥에 앉았다.

해나는 보물찾기 선물로 받은 「개구리 왕자」 그림책을 펼쳤다. 또르가 나타나기를 기다리며 태리와 책장을 넘겼지만 긴장한 탓에 내용은 눈에 들어오지 않았다.

한편 또르는 이미 천장에 붙어서 해나와 태리를 내려다보고 있었다.

안경 낀 얄미운 아저씨는 보이지 않는다. 게다가 해나는 자신 같은 개구리가 주인공인 책을 읽고 있고, 네모난 판에서는 맛있는 냄새가 풍겨온다.

또르의 입가에 행복한 미소가 떠올랐다.

혹시 나한테 주려고 해나가 준비한 걸까. 그렇다면 맛있게 먹어 줘야지.

또르가 바닥으로 폴짝 뛰어내린 순간, 또르와 해나의 눈이 마주쳤다. 해나는 전기에 감전된 듯 부르르 몸을 떨었다. 전자를 마음대로 조종하는 전기 이데아. 앞발을 비비고 자신한테 달려들기라도 하면 끝장이다. 해나의 떨리는 눈동자가 소시지 쪽으로 향했다.

또르가 금속판을 향해 뛰어오른 순간, 숨어 있던 김상욱 아저씨와 건우도 소리 없는 함성을 터뜨렸다.

곧이어 또르의 앙증맞은 네발이 금속판을 밟았다.

지지지지지직!

또르의 몸속에 있던 전기 에너지가 충전지 속으로 빨려 들어 갔다. 또르는 꼼짝도 못 한 채 눈을 질끈 감았다.

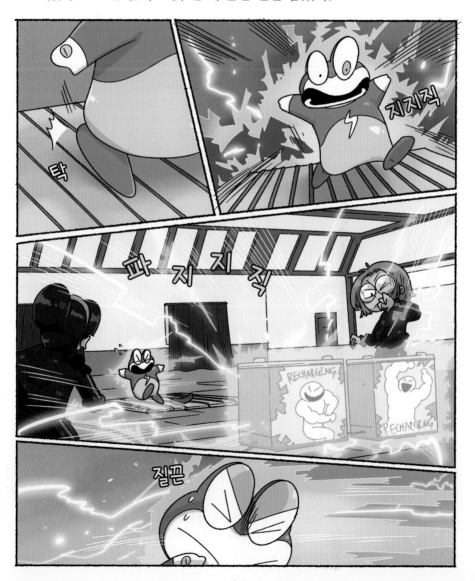

  김상욱 아저씨가 이데아 캔을 들고 커튼 안에서 뛰쳐나왔다. 하지만 또르만 쳐다보며 금속판 쪽으로 달려가던 아저씨는 건우가 버린 삼각김밥 포장지를 미처 보지 못했다. 비닐을 밟은 아저씨가 미끄러지며 충전지에 연결된 전선에 발이 걸렸다.

또르가 김상욱 아저씨를 향해 고개
를 돌렸다. 또르의 맑은 눈은 이제 분
노로 불타올랐다. 저 남자는 분명히
이데아 캔을 들고 있었다.

감히 나를 해나에게서 떼어 놓으려
고 하다니.

갑자기 벌어진 상황에 또르는 문밖으로 빠르게 도망쳤다. 또르를 쫓아가려던 김상욱 아저씨는 다시 바닥에 주저앉았다. 오른쪽 발목에 찌릿한 통증이 밀려왔다.

태리가 이데아 캔을 집었다.

"아저씨는 여기 계세요. 우리가 또르를 잡아 올게요!"

"안 돼, 애들아! 위험해!"

태리는 아저씨의 말을 무시하고 문 쪽으로 뛰어갔다.

태리의 뒷모습을 바라보던 해나도 태리를 따라갔다. 태리 혼자서는 위험하다. 태리에게 고압 전류를 쏘기라도 한다면 자신이 막아야 한다.

건우는 바람처럼 사라진 아이들을 보며 눈을 깜박였다.

"에라, 모르겠다! 저도 갔다 올게요!"

아이들은 또르를 쫓아 온 힘을 다해 달렸지만 또르의 모습은
금세 사라졌다. 아이들은 절박한 눈길로 주변을 훑었다. 어느새
보물찾기를 했던 버려진 논까지 와 있었다.

가로등 하나 없는 깜깜한 시골길. 어두워서 주변에 뭐가 있
는지 분간 하기도 힘든데 작은 크기의 개구리가 눈에 띌 리 없
다. 태리가 분한 듯 발을 구르자 흙먼지가 피어올랐다.

해나가 말했다.

"김건우! 좋은 방법 없을까?
생각 좀 해 봐!"

"흠……."

손가락을 튕긴 건우의 눈이 반짝였다. 무언가를 발견한 모양

이었다. 아까 보물찾기 시간에 논에 들어갈 때 입었던 고무 작

업복과 고무장화, 고무장갑이 여전히 논두렁 위에 널브러져 있

었다.

건우는 그것들을 주워 해나의 품에 건

네주었다.

"또르를 다시 불러올 수 있는 사람은

너밖에 없어. 고무는 전기가 안 통한다고

했으니까 이건 보호복이라고 생각해. 네

가 이걸 입고 두 팔을 활짝 벌리고 서 있

으면 또르가 네 품에 뛰어들 거야. 그때

또르를 꽉 잡아!"

"개구리를…… 잡으라고?"

"그래야 발을 못 비빌 거 아냐! 그리고 또르는 진짜 개구리가

아니라 전기 이데아라고!"

그때, 무전기에서 김상욱 아저씨의 목소리가 들렸다.

"아니야, 돌아와! 아무리 전기가 통하

지 않는 고무 옷을 입는다고 해도 어떤

돌발 상황이 생길지 몰라. 너희끼리는

너무 위험해! 다른 계획을 다시 세워

보자!"

해나의 눈동자가 흔들렸다. 마음은 더 요동쳤다. 또르가 전기 이데아라고 해도 개구리의 축축하고 미끈거리는 피부를 떠올리자 소름이 돋았다. 그림책 속 공주가 왜 개구리를 피해 다녔는지 그제야 이해할 수 있었다.

하지만 여기에서 또르를 놓친다면…….

또르는 우리가 자기를 붙잡으려는 걸 알았으니 이제 쉽게 나타나지 않을 것이다. 이곳에서 못 잡으면 또르를 영원히 볼 수 없을지도 모른다.

잠시 뒤, 해나는 꼬마 농부 같은 모습으로 논두렁 위에 서 있었다. 태리와 건우는 풀숲에 몸을 숨기고 고개를 내밀었다.

해나는 자신을 지켜보는 사람이 있다는 것도 모른 채 정신을
집중했다.

잘할 수 있어. 여기에서 무조건 잡는 거야.

얼마나 지났을까. 무섭도록 고요한 밤공기 사이로 작은 움직
임이 느껴졌다. 어둠 속에서 무언가가 논바닥을 뛰어오르며 해
나에게 다가오고 있었다.

이윽고 또르가 해나 앞에 모습을
드러냈다. 해나는 가슴속을 채운 공
기를 내뱉으며 심호흡을 했다. 의심
어린 눈동자가 자신을 똑바로 응시
하고 있다.

해나는 용기를 내 외쳤다.

활짝 열린 이데아 캔에서 엄청난 빛이 쏟아졌다.

그런데 해나가 또르를 놓으려던 순간, 태리가 외쳤다.

"건우야, 조심해!"

"으악, 저게 뭐야!"

건우의 비명까지 들리자 해나는 감았던 눈을 다시 떴다. 또르

보다 훨씬 덩치 큰 개구리, 아니 두꺼비가 건우 뒤에 서 있었다.

두꺼비를 피하려던 건우는 이데아 캔을 든 채 논두렁 아래로 미끄러졌다. 이데아 캔에서 쏟아진 빛이 하늘을 꿰뚫을 듯 치솟았다. 두꺼비는 해나를 향해 길고 두꺼운 혓바닥을 뻗었다. 해나가 비명을 지르며 또르를 놓은 순간, 두꺼비의 혀가 또르를 낚아챘다.

"안 돼!"

태리가 이데아 캔을 들고 또르와 두꺼비를 뒤쫓았지만 둘의 모습은 금세 사라졌다.

"얘들아, 무슨 일이야! 괜찮니? 대답 좀 해!"

김상욱 아저씨의 다급한 목소리가 귓속을 울렸지만 아무도 입을 열지 못했다. 아이들은 또르와 두꺼비가 사라진 어둠 속을 그저 멍하니 보고, 또 바라봤다.

그로부터 며칠 후, 김상욱 아저씨와 아이들은 또만나 떡볶이에 모였다.

김상욱 아저씨가 말했다.

"괜찮아. 너희도 또르를 잡고 싶은 마음에 그런 거잖니. 덕분에 또르의 특성은 완벽히 파악했으니 다음에는 더 철저히 준비하자. 너무 실망하지 마, 얘들아. 또르는 꼭 다시 나타날 거야."

해나가 물었다.

"그 두꺼비는 뭘까요? 또르 같은 이데아일까요, 아니면 또르랑 친한 진짜 두꺼비일까요?"

건우가 고개를 흔들었다.

"세상에 그렇게 길고 두꺼운 혓바닥을 가진 두꺼비가 어딨냐? 다른 물리 개념의 이데아인 게 분명해."

아이들은 두꺼비의 정체를 찾아 이데아 도감을 샅샅이 훑었지만 두꺼비의 그림은 발견하지 못했다. 두껍고 힘센 혓바닥이 특징인 이데아도 없었다. 원래는 이데아 도감에 실려 있었지만 그 부분은 찢어졌을지도 모른다.

"그나저나 원장님은 괜찮다니? 감전 사고를 당했다며."

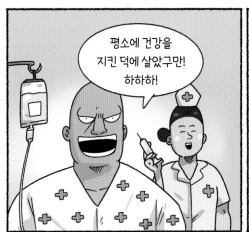

평소에 건강을 지킨 덕에 살았구만! 하하하!

정말 미안하다, 얘들아~!

응애

태리가 다시 떠올리기도 싫다는 듯 몸을 떨었다.

"네, 다행히 괜찮으시대요. 그리고 이번 일을 계기로 수련원 건물을 싹 고치기로 했대요. 태권도장 관장님도 우리를 버리고 도망친 게 아니었어요. 아내분이 예정보다 빨리 아기를 낳았다고 하더라고요. 참, 아저씨 발목은 괜찮으세요?"

"응, 살짝 삐끗한 정도라 괜찮아. 걱정해 줘서 고맙다."

건우가 김상욱 아저씨의 팔을 흔들었다.

"근데 이제 우리한테 화 안 내시네요? 잔소리도 안 하시고."

애들한테
잘해줘야지.

김상욱 아저씨는 인자한 미소를 지
으며 고개를 끄덕였다. 아저씨의 다정
한 눈길이 아이들의 얼굴에 머물렀다.
어쩌다 이 아이들과 이렇게 가까워졌
을까. 아이들이 없는 또만나 떡볶이와
이데아 포획은 이제 상상할 수도 없다.

에이,
내가 삼각김밥 포장지만
안 버렸어도 아저씨가
안 미끄러졌을 텐데.

맞아, 그럼 또르도
무사히 잡았겠지.

끄아아

지금 뭐라고 했니…?
삼각김밥 포장지?

모르셨어요?
건우가 버린 포장지 밟고
넘어지신 거잖아요.

…?

부들

그랬단 말이지.

가게 안 공기가 서서히 얼어붙었다.

건우가 눈치도 없이 말했다.

"우리 캠핑은 언제 가요? 다 같이 캠핑 가기로 약속하……."

"캠핑은 무슨 얼어 죽을 캠핑이야! 이 상황에 그런 말이 나오냐! 왜 쓰레기를 함부로 바닥에 버려! 너 때문에 이데아도 놓치고 발목도 다쳤잖아! 얼마나 아팠는지 알아!"

그제야 눈치를 채고 잽싸게 도망치는 건우를 김상욱 아저씨가 다리를 절뚝이며 뒤쫓았다.

"아저씨가 잘 피했어야죠! 그렇게 넓은 강당에서 왜 하필 그걸 밟아요! 그리고 이제 화 안 낸다면서요!"

아 맞다!
나도 궁금한 거 있는데!

뭔데?

"네가 수련회에서 들려줬던 책 읽는 개구리 동상 괴담. 마지막에 동상이 남자아이를 보고 고개를 들었다고 했잖아. 그리고 뭐라고 말했어?"

해나는 잔뜩 긴장한 채 태리의 대답을 기다렸다.

속닥

동상이
이렇게 말했대.

이 책 진짜 재밌는데….
너도 읽어볼래?

가게 안 온도가 또다시 곤두박질쳤다. 슬금슬금 도망치는 태리를 해나가 뒤쫓았다. 오늘도 손님 하나 없는 또만나 떡볶이. 하지만 아이들의 소란에 가게는 어떤 맛집보다 떠들썩했다. 마음 한구석에는 처음으로 이데아를 놓친 아쉬움이 맴돌았지만.

전기 이데아 또르는 다시 모습을 드러낼까. 또르를 데려간 두꺼비의 정체는 무엇일까. 다음에는 어떤 놀라운 일들이 그들을 기다리고 있을까.

광력욱 박사의 비밀 연구 일지

⑥ 번개 vs 피뢰침

오늘의 연구 대상

피뢰침은 건물의 가장 높은 곳에 세우는 뾰족한 금속…

무슨 침요? 난 먹을 때 흘리는 군침밖에 몰라요. 애들이나 부르세요.

번쩍

과 과 광

피뢰침을 두고 군침이라니.
그래도 지금은 사랑스러우니까 봐준다!

또르 잡기에 앞서 천둥번개와 피뢰침에 대해 알아볼까?

오늘의 일지

번쩍번쩍 번개!

일상생활에서 관찰할 수 있는 전기 현상에는 무엇이
있을까? 앞에서 배운 정전기? 정전기보다 흔하지 않고
관찰하기도 힘들지만 더 드라마틱하고 멋있는 현상이 있지!
바로 하늘에서 내려치는 번개야.
번쩍번쩍 내려치는 번개에도 마찰 전기의 원리가
숨어있단다. 번개의 원리에 대해 자세히 알아보자!

번개 얘기 하니까
오랜만에 루그가
보고 싶네.

번개는 어떻게 생길까?

　구름은 지면과 마찰하여 지나가면서 마찰전기를 머금게 돼. 그러면 지면에 있는 전자를 빼앗아 구름은 음(-)전하를, 지면은 양(+)전하를 띠게 되지. 이 과정이 계속 반복되면 구름 안에 마찰전기가 계속 쌓여서 구름과 지면 사이의 전압 차이가 수백만에서 크게는 수억 볼트까지 벌어지게 돼. 그리고 어느 순간 구름에서 지면으로 전류가 흐르게 되는데, 이때 **이동하는 전자가 공기 중의 분자와 부딪히면서 빛이 발생하고, 비로소 번개가 치게 되는 거지.**

　그렇다면 천둥은 무엇일까? **천둥은 전자가 이동할 때 공기의 저항에 의해 발생하는 열과 관련**이 있어. 번개가 지나가는 주변의 공기 온도가 만 도 가까이 올라가면 압력이 급속하게 높아져서 폭발하게 되는데, 이때 큰 소리가 발생하고 이것을 우리가 천둥이라고 부르는 거야.

번개를 막아라, 피뢰침!

　피뢰침은 보통 건물 옥상에 설치되는 기다란 금속 막대기야. **번개의 전류가 주변에 피해를 끼치지 않도록 전류를 땅속으로 유도**하지. 땅속에 도체로 된 판을 묻고 이 판을 피뢰침과 연결해서 피뢰침으로 떨어진 번개의 전류가 땅속으로 흘러 분산되게끔 하는 거야.

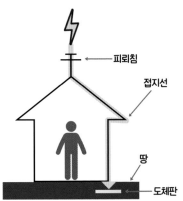

피뢰침
접지선
땅
도체판

오늘의 연구 결과

번개도 마찰 전기 현상의 일종이다!

 또르를 데려간 두꺼비의 정체는?

NO.6

또르

전기
이데아

싫어하는 것
해나를 구박하거나
해나가 좋아하는 사람

키
10센티미터

몸무게
100그램

특성
전자의 움직임을 마음대로 제어할 수 있다.
앞발을 비벼 전기에 관련된 능력을 발휘한다.
네발을 비비면 번개를 발사하니 주의할 것.

좋아하는 것
소시지(맛있으니까)
해나(전기를 아끼기 때문)

♟ 또르가 일으킨 문제 분석

문제점	원인	질문
①원장님 등에 생긴 정전기	마찰 전기	**정전기로도 불이 날 수 있나요?** 당연하지. 주변에 가연성 물질이 있으면 정전기의 작은 불꽃으로도 불이 날 수 있어.
②충전된 해나의 휴대폰	전류	**전류만 흐르면 휴대폰을 충전할 수 있나요?** 해당 휴대폰에 알맞는 크기의 전압과 전류를 흘려줘야 안전하게 충전할 수 있어.
③전기난로 작동 ④폭발한 전원차단기	전기 회로	**사용하던 전자제품에 문제가 생기면 어떻게 해야 하나요?** 화재, 감전 등의 큰 문제로 연결될 수 있기 때문에, 정식 수리 센터에서 수리를 받는 등 전문가의 도움을 받아야 해.

♟ 또르 포획 작전

포획 팁	전기 이데아 또르는 전기를 저장하는 충전지의 원리를 활용해 잡을 수 있다.
준비물	충전지 두 개, 전선, 소시지, 금속판
포획 방법	①전선의 피복을 벗겨 금속판에 감는다. ②금속판과 충전지 두 개를 직렬로 연결한다. ③금속판 위에 또르가 좋아하는 소시지를 놓는다. ④금속판 위에 올라온 또르가 힘을 잃기를 기다린다. ⑤또르 포획 성공… 할 수 있었는데….

☆

전기를 충전하는 충전지의 원리를 활용하려고 했지만 포획에는 실패!

— 김상욱 아저씨

에너지 킹의 비밀 연구실. 마두식 회장은 블랙과 화이트가 찍어 온 동영상을 재생했다. 이룩한 박사는 동영상을 보자마자 이렇게 말했다. 저 개구리는 전기 이데아 또르라고. 분을 못 이긴 마 회장은 요란하게 발을 굴렀다. 생각할수록 아쉽고 분통이 터진다. 마 회장의 분노는 또다시 블랙과 화이트를 향했다.

시끄러운 소리를 피해 이룩한 박사가 눈을 감았다.

"정말 아쉽군요. 또르를 잡았더라면 지구와 우주에서 놀라운 업적을 이룩했을 텐데요. 또르는 어떤 금속이든 초전도체로 만들 수 있으니 자기부상열차를 제작해 지구의 교통망을 장악할 수 있었을 겁니다. 또 달에 가서 기지를 건설한다면 그곳의 전기 문제도 쉽게 해결할 수 있었을 테고요."

이룩한 박사는 의자에서 몸을 일으켰다.

다음에는 꼭 두 이데아를 반드시 포획한다. 이제 슬슬 반란을 꾀할 때가 왔다. 마 회장이 이룩한 업적은 모두 내 차지가 될 것이다.

"이봐, 내 말 안 들려? 무슨 이데아냐고 물었잖아!"

대답은 비서들에게 미룬 채, 이룩한 박사는 비밀 연구실을 빠져나갔다.

 **7권 미리보기**

드디어 본격적으로
이룩한 박사가 나서기 시작했다!

이 두꺼비는
평범한 두꺼비가 아니라
이데아입니다.

하지만 동시에 어딘가 수상하기도 한 이룩한 박사.

그만! 그만!

우리 편
확실해?

이번에는
제가 계획을
세워보겠습니다.

하지만 마 회장은 이룩한 박사의 도움을 받을 수밖에 없다!
지금껏 모든 이데아를 놓쳐버렸기 때문!

더 이상의 실패는 용납할 수 없다고 다짐하는 마 회장!

승리는 우리의 것이다!
다음 이데아는 꼭 잡겠다고 다짐하는 마 회장!
이번에는 성공할 수 있을까?

교과 연계

초등 | 6학년 2학기 | 전기의 이용
초등 | 6학년 2학기 | 에너지와 생활
중등 | 2학년 1학기 | 전기와 자기
중등 | 3학년 2학기 | 에너지 전환과 보존

기획 김상욱 | **글** 김하연 | **그림** 정순규 | **자문** 강신철

1판 1쇄 인쇄 2025년 2월 3일
1판 1쇄 발행 2025년 2월 19일

펴낸이 김영곤
프로젝트3팀 이장건 김의헌 박예진 박고은 서문혜진 김혜지 이지현 송혜수
아동마케팅팀 명인수 양슬기 최유성 손용우 이주은
영업팀 변유경 한충희 장철용 강경남 황성진 김도연
디자인 김단아
제작팀 이영민 권경민

펴낸곳 ㈜북이십일 아울북
출판등록 2000년 5월 6일 제406-2003-061호
주소 (10881) 경기도 파주시 회동길 201(문발동)
대표전화 031-955-2100 **팩스** 031-955-2177 **홈페이지** www.book21.com

ⓒ 2025 김상욱 · 김하연 · 정순규 · 강신철

ISBN 979-11-7117-480-5 74400
ISBN 979-11-7117-100-2 74400 (세트)

• 제조자명 : (주)북이십일
• 주소 및 전화번호 : 경기도 파주시 문발동 회동길 201(문발동) / 031-955-2100
• 제조년월 : 2025.2
• 제조국명 : 대한민국
• 사용연령 : 3세 이상 어린이 제품

• **이미지 출처** 게티이미지코리아(51쪽, 67쪽, 91쪽, 151쪽)

다양한 SNS 채널에서 아울북과 을파소의 더 많은 이야기를 만나세요.

 인스타그램
@owlbook21

 페이스북
@owlbook21

 네이버카페
owlbook21

 유튜브
@아울북&을파소

초등학생이라면 꼭 읽어야 할
김상욱 아저씨의 권장 도서로
사행시 해볼게~!
모두 운 띄워줘!

**『권일용 프로파일러의
사라진 셜록 홈즈』**

관찰력, 문해력,
논리력이 커지는
추리의 세계!
권일용 프로파일러와
함께 시작해 보세요.

**『장난천재
쾌걸 조로리』**

한번 읽으면
멈출 수 없는 이야기!
그림책에서 줄글로
넘어가는 어린이들을
위한 최고의 재미 동화!

**『열세 살 외과 의사
도우리』**

천재 의사 도우리와
생명을 구하는
영웅들이 만들어내는
감동의 순간들이
시작됩니다!

**『서울대 교수와 함께하는
10대를 위한 교양 수업』**

서울대 교수님들의
지식이 꿈으로 이어지는
단 한 번의 특별한
교양 수업!

★ 교보문고, 예스24, 알라딘 등 온라인 서점 및 전국 오프라인 서점에서 만나실 수 있습니다 ★

또만나 떡볶이
👤 5

2025년 2월 19일 수요일

 특급 요원 벨라★
건우 어딨어?
오전 9:03

나 물리박사 김상욱
벨라 요원님
오전 9:04

건우 지금 떡볶이 떡 사러 갔어요.
오전 9:05

무슨 일이신가요?
오전 9:06

 떡볶이 사랑♥태리
벨라 요원님! 안녕하세요~!
오전 9:06

 책 읽는 해나
요원님! 무슨 일이세요?
오전 9:06

 특급 요원 벨라★
지난번에 추천해 줬던 책 다 읽어서.
오전 9:07

너무 재밌어서 정주행함. 이거 말고 또 추천 해줄 책 없니?
오전 9:08